强制性条文速查系列手册

建筑施工强制性条文 速 查 手 册

（第二版）

闫 军 主编

中国建筑工业出版社

图书在版编目（CIP）数据

建筑施工强制性条文速查手册/闫军主编. —2 版.—北京：中国建筑工业出版社，2019.10（2022.4重印）
（强制性条文速查系列手册）
ISBN 978-7-112-24342-6

Ⅰ. ①建… Ⅱ. ①闫… Ⅲ. ①建筑施工-建筑规范-中国-手册 Ⅳ. ①TU711-65

中国版本图书馆 CIP 数据核字（2019）第 227103 号

强制性条文速查系列手册

建筑施工强制性条文速查手册

（第二版）

闫　军　主编

*

中国建筑工业出版社出版、发行（北京海淀三里河路 9 号）
各地新华书店、建筑书店经销
北京红光制版公司制版
北京建筑工业印刷厂印刷

*

开本：850×1168毫米　1/32　印张：10⅝　字数：295 千字
2019 年 12 月第二版　　2022 年 4 月第七次印刷
定价：**45.00** 元
ISBN 978-7-112-24342-6
（34837）

本书为历经七年后与时俱进更新的第二版，更新量高达 3/4，系"强制性条文速查系列手册"第三分册。共收录建筑施工相关规范数百本，强制性条文千余条。全书共分十篇。第一篇测量；第二篇施工；第三篇验收；第四篇安全；第五篇技术，包括：地下工程、屋面工程、模板与脚手架工程、幕墙与门窗工程、防水与雨水、防雷、太阳能与遮阳、保温供暖空调通风、连接、地基基础、混凝土等；第六篇建筑材料与环境保护；第七篇检查检测与鉴定加固及管理；第八篇电气与智能；第九篇消防；第十篇造价。

本书供施工、监理、安全、材料、造价、施工图审查人员使用，并可供建筑设计人员、结构人员、注册考生、大中专院校师生学习参考。

* * *

责任编辑：郭　栋
责任校对：王　烨

第 二 版 前 言

本书第一版自 2012 年出版后,至今已经七个年头,深受读者的喜爱,不断重印。本书采用规范列表的形式呈现强制性条文,然而由于标准规范更新换代快,新的施工和质量验收规范交错更迭,原有的内容已经相当陈旧,不适于继续销售。

第二版依据最新的施工类标准、规范编写,更多地关注于环境保护、绿色施工、人身健康及安全和装配式、钢结构等新趋势,比如声环境和有害物质限量。限于篇幅,建筑材料篇只收入了几个规范,更多的参见笔者编写的《建筑材料强制性条文速查手册》。

《工程建设强制性条文》是工程建设过程中的强制性技术规定,类似于技术法规,是参与建设活动各方执行工程建设强制性标准的依据。执行《工程建设强制性条文》既是贯彻落实《建设工程质量管理条例》的重要内容,又是从技术上确保建设工程质量的关键。强制性条文的正确实施,对促进房屋建筑活动健康发展,保证工程质量、安全,提高投资效益、社会效益和环境效益都具有重要的意义。

强制性条文的内容,摘自工程建设强制性标准,主要涉及人民生命财产安全、人身健康、环境保护和其他公众利益。强制性条文的内容是工程建设过程中各方必须遵守的。按照建设部第81 号令《实施工程建设强制性标准监督规定》,施工单位违反强制性条文,除责令整改外,还要处以工程合同价款 2% 以上 4%以下的罚款。勘察、设计单位违反工程建设强制性标准进行勘察、设计的,责令改正,并处以 10 万元以上 30 万元以下的罚款。

"强制性条文速查系列手册"搜集整理了最新的工程建设强

制性条文，共分建筑设计、建筑结构与岩土、建筑施工、给水排水与暖通、交通工程、建筑材料、防火七个分册。七个分册购齐，工程建设强制性条文就齐全了。搜集、整理花费了不少的时间和心血，希望读者喜欢。七个分册的名称如下：

➤《建筑设计强制性条文速查手册》（第三版）

➤《建筑结构与岩土强制性条文速查手册》（第二版）

➤《建筑施工强制性条文速查手册》（第二版）

➤《给水排水与暖通强制性条文速查手册》

➤《交通工程强制性条文速查手册》

➤《建筑材料强制性条文速查手册》

➤《防火强制性条文速查手册》

本书对注册建造师、注册监理工程师、注册造价工程师、施工图审查人员、大中专院校师生学习参考很有帮助。

为保证强制性条文文本阐述含义的完整性和消除读者阅读障碍，以个别文字附上相关非强制性条文且用楷体标识，请读者留意。

本书由闫军主编，张爱洁、郭旗副主编。

目　录

第三篇　验　收

第四篇　安　全

第五篇　技　术

目 录 17

第六篇　建筑材料与环境保护

第七篇　检查检测与鉴定加固及管理

第八篇　电气与智能

第九篇　消　防

第十篇　造　价

第一篇 测 量

一、《工程测量标准》GB 50026—2020

5.1.10　凡绘制有国界线的地形图，必须符合国务院批准的有关国界线的绘制规定。

5.3.51　进行低空数字摄影作业时，必须制订飞行器安全应急预案，且必须遵守国家对低空空域使用管理的规定。

5.7.5　水域地形测量时，必须针对测区内存在的礁石、沉船、水流和险滩等的测量，制订应急预案并采取安全应对措施。当遇有大风、大浪时，必须停止水上测量作业。

7.1.8　地下管线的开挖、调查，必须采取安全防护措施。电缆和燃气管道的开挖，必须有专业人员的配合。

7.5.14　当对地下管线信息系统的软硬件进行升级或更新时，必须进行相关数据备份，并在系统和数据安全的情况下进行。

8.7.15　在易燃易爆环境中进行测量作业，必须使用防爆型测量仪器。

10.1.10　变形监测出现下列情况之一时，必须通知建设单位，提高监测频率或增加监测内容：

　　1　变形量或变形速率达到变形预警值或接近允许值；

　　2　变形量或变形速率变化异常；

　　3　建（构）筑物的裂缝或地表的裂缝快速扩大。

二、《建筑变形测量规范》JGJ 8—2016

3.1.1　下列建筑在施工期间和使用期间应进行变形测量：

　　1　地基基础设计等级为甲级的建筑。

　　2　软弱地基上的地基基础设计等级为乙级的建筑。

　　3　加层、扩建建筑或处理地基上的建筑。

　　4　受邻近施工影响或受场地地下水等环境因素变化影响的建筑。

　　5　采用新型基础或新型结构的建筑。

　　6　大型城市基础设施。

7 体型狭长且地基土变化明显的建筑。

3.1.6 建筑变形测量过程中发生下列情况之一时，应立即实施安全预案，同时应提高观测频率或增加观测内容：

1 变形量或变形速率出现异常变化。

2 变形量或变形速率达到或超出变形预警值。

3 开挖面或周边出现塌陷、滑坡。

4 建筑本身或其周边环境出现异常。

5 由于地震、暴雨、冻融等自然灾害引起的其他变形异常情况。

第二篇　施　　工

一、《住宅装饰装修工程施工规范》GB 50327—2001

3.1.3 施工中，严禁损坏房屋原有绝热设施；严禁损坏受力钢筋；严禁超荷载集中堆放物品；严禁在预制混凝土空心楼板上打孔安装埋件。

3.1.7 施工现场用电应符合下列规定：

　　1 施工现场用电应从户表以后设立临时施工用电系统。

　　2 安装、维修或拆除临时施工用电系统，应由电工完成。

　　3 临时施工供电开关箱中应装设漏电保护器。进入开关箱的电源线不得用插销连接。

　　4 临时用电线路应避开易燃、易爆物品堆放地。

　　5 暂停施工时应切断电源。

3.2.2 严禁使用国家明令淘汰的材料。

4.1.1 施工单位必须制定施工防火安全制度，施工人员必须严格遵守。

4.3.4 施工现场动用电气焊等明火时，必须清除周围及焊渣滴落区的可燃物质，并设专人监督。

4.3.6 严禁在施工现场吸烟。

4.3.7 严禁在运行中的管道、装有易燃易爆的容器和受力构件上进行焊接和切割。

10.1.6 推拉门窗扇必须有防脱落措施，扇与框的搭接量应符合设计要求。

二、《大体积混凝土施工标准》GB 50496—2018

4.2.2 用于大体积混凝土的水泥进场时应检查水泥品种、代号、强度等级、包装或散装编号、出厂日期等，并应对水泥的强度、安定性、凝结时间、水化热进行检验，检验结果应符合现行国家标准《通用硅酸水泥》GB 175 的相关规定。

5.3.1 大体积混凝土模板和支架应进行承载力、刚度和整体稳固性验算，并应根据大体积混凝土采用的养护方法进行保温构造设计。

三、《智能建筑工程施工规范》GB 50606—2010

4.1.1 电力线缆和信号线缆严禁在同一线管内敷设。

8.2.5 扬声器系统的安装应符合下列规定：

10 用于火灾隐患区的扬声器应由阻燃材料制成或采用阻燃后罩；广播扬声器在短期喷淋的条件下应能正常工作。

9.2.1 桥架、管线敷设除应执行本规范第 4 章规定外，尚应符合下列要求：

3 当广播系统具备消防应急广播功能时，应采用阻燃线槽、阻燃线管和阻燃线缆敷设；

9.3.1 主控项目除应符合现行国家标准《智能建筑工程质量验收规范》GB 50339—2003 第 4.2.10 条的规定外，尚应符合下列规定：

2 当广播系统具有紧急广播功能时，其紧急广播应由消防分机控制，并应具有最高优先权；在火灾和突发事故发生时，应能强制切换为紧急广播并以最大音量播出。系统应能在手动或警报信号触发的 10s 内，向相关广播区播放警示信号（含警笛）、警报语声文件或实时指挥语声。以现场环境噪声为基准，紧急广播的信噪比不应小于 15dB。

四、《混凝土结构工程施工规范》GB 50666—2011

4.1.2 模板及支架应根据施工过程中的各种工况进行设计，应具有足够的承载力和刚度，并应保证其整体稳固性。

5.1.3 当需要进行钢筋代换时，应办理设计变更文件。

5.2.2 对有抗震设防要求的结构，其纵向受力钢筋的性能应满足设计要求；当设计无具体要求时，对按一、二、三级抗震等级设计的框架和斜撑构件（含梯段）中的纵向受力钢筋应采用 HRB335E、HRB400E、HRB500E、HRBF335E、HRBF400E 或 HRBF500E 钢筋，其强度和最大力下总伸长率的实测值，应符合下列规定：

　　1　钢筋的抗拉强度实测值与屈服强度实测值的比值不应小于 1.25；

　　2　钢筋的屈服强度实测值与屈服强度标准值的比值不应大于 1.30；

　　3　钢筋的最大力下总伸长率不应小于 9%。

6.1.3　当预应力筋需要代换时，应进行专门计算，并应经原设计单位确认。

6.4.10　预应力筋张拉中应避免预应力筋断裂或滑脱。当发生断裂或滑脱时，应符合下列规定：

　　1　对后张法预应力结构构件，断裂或滑脱的数量严禁超过同一截面预应力筋总根数的 3%，且每束钢丝或每根钢绞线不得超过一丝；对多跨双向连续板，其同一截面应按每跨计算；

　　2　对先张法预应力构件，在浇筑混凝土前发生断裂或滑脱的预应力筋必须更换。

7.2.4　细骨料宜选用级配良好、质地坚硬、颗粒洁净的天然砂或机制砂，并应符合下列规定：

　　2　混凝土细骨料中氯离子含量，对钢筋混凝土，按干砂的质量百分率计算不得大于 0.06%；对预应力混凝土，按干砂的质量百分率计算不得大于 0.02%；

7.2.10　未经处理的海水严禁用于钢筋混凝土结构和预应力混凝土结构中混凝土的拌制和养护。

7.6.3　原材料进场质量检查应符合下列规定：

　　1　应对水泥的强度、安定性及凝结时间进行检验。同一生产厂家、同一等级、同一品种、同一批号且连续进场的水泥，袋装水泥不超过 200t 应为一批，散装水泥不超过 500t 应为一批。

7.6.4　当使用中水泥质量受不利环境影响或水泥出厂超过三个月（快硬硅酸盐水泥超过一个月）时，应进行复验，并应按复验结果使用。

8.1.3　混凝土运输、输送、浇筑过程中严禁加水；混凝土运输、输送、浇筑过程中散落的混凝土严禁用于混凝土结构构件的浇筑。

五、《钢结构工程施工规范》GB 50755—2012

11.2.4 钢结构吊装作业必须在起重设备的额定起重范围内进行。

11.2.6 用于吊装的钢丝绳、吊装带、卸扣、吊钩等吊具应经检查合格，并应在其额定许用荷载范围内使用。

六、《钢结构焊接规范》GB 50661—2011

4.0.1 钢结构焊接工程用钢材及焊接材料应符合设计文件的要求，并应具有钢厂和焊接材料厂出具的产品质量证明书或检验报告，其化学成分、力学性能和其他质量要求应符合国家现行有关标准的规定。

5.7.1 承受动载需经疲劳验算时，严禁使用塞焊、槽焊、电渣焊和气电立焊接头。

6.1.1 除符合本规范第 6.6 节规定的免予评定条件外，施工单位首次采用的钢材、焊接材料、焊接方法、接头形式、焊接位置、焊后热处理制度以及焊接工艺参数、预热和后热措施等各种参数的组合条件，应在钢结构构件制作及安装施工之前进行焊接工艺评定。

8.1.8 抽样检验应按下列规定进行结果判定：

　　1 抽样检验的焊缝数不合格率小于 2% 时，该批验收合格；

　　2 抽样检验的焊缝数不合格率大于 5% 时，该批验收不合格；

　　3 除本条第 5 款情况外抽样检验的焊缝数不合格率为 2%～5% 时，应加倍抽检，且必须在原不合格部位两侧的焊缝延长线各增加一处，在所有抽焊焊缝中不合格率不大于 3% 时，该批验收合格，大于 3% 时，该批验收不合格；

　　4 批量验收不合格时，应对该批余下的全部焊缝进行检验；

5　检验发现 1 处裂纹缺陷时，应加倍抽查，在加倍抽检焊缝中未再检查出裂纹缺陷时，该批验收合格；检验发现多于 1 处裂纹缺陷或加倍抽查又发现裂纹缺陷时，该批验收不合格，应对该批余下焊缝的全数进行检查。

七、《通风与空调工程施工规范》GB 50738—2011

3.1.5　施工图变更需经原设计单位认可。当施工图变更涉及通风与空调工程的使用效果和节能效果时，该项变更应经原施工图设计文件审查机构审查，在实施前应办理变更手续，并应获得监理和建设单位的确认。

11.1.2　管道穿过地下室或地下构筑物外墙时，应采取防水措施，并应符合设计要求。对有严格防水要求的建筑物，必须采用柔性防水套管。

16.1.1　通风与空调系统安装完毕投入使用前，必须进行系统的试运行与调试，包括设备单机试运转与调试、系统无生产负荷下的联合试运行与调试。

八、《建筑地基基础工程施工规范》GB 51004—2015

5.5.8　预制桩在施工现场运输、吊装过程中，严禁采用拖拉取桩方法。

5.11.4　锚杆静压桩利用锚固在基础底板或承台上的锚杆提供压桩力时，施工期间最大压桩力不应大于基础底板或承台设计允许拉力的 80%。

6.1.3　在基坑支护结构施工与拆除时，应采取对周边环境的保护措施，不得影响周围建（构）筑物及邻近市政管线与地下设施等的正常使用功能。

6.9.8　支撑结构爆破拆除前，应对永久结构及周边环境采取隔离防护措施。

九、《砌体结构工程施工规范》GB 50924—2014

4.2.2 当在使用中对水泥质量受不利环境影响或水泥出厂超过3个月、快硬硅酸盐水泥超过1个月时,应进行复验,并应按复验结果使用。

6.2.4 砖砌体的转角处和交接处应同时砌筑。在抗震设防烈度8度及以上地区,对不能同时砌筑的临时间断处应砌成斜槎,其中普通砖砌体的斜槎水平投影长度不应小于高度(h)的2/3(图6.2.4),多孔砖砌体的斜槎长高比不应小于1/2。斜槎高度不得超过一步脚手架高度。

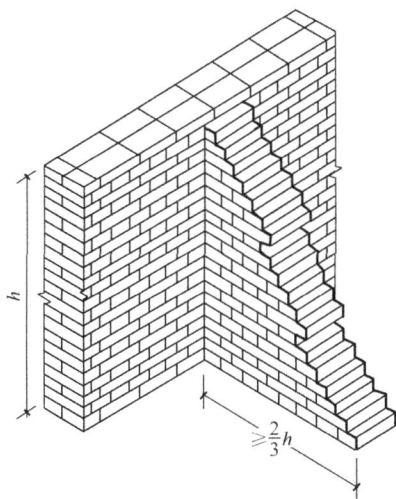

图 6.2.4 砖砌体斜槎砌筑示意图

8.3.5 挡土墙必须按设计规定留设泄水孔;当设计无具体规定时,其施工应符合下列规定:

1 泄水孔应在挡土墙的竖向和水平方向均匀设置,在挡土墙每米高度范围内设置的泄水孔水平间距不应大于2m;

2 泄水孔直径不应小于50mm;

十、《钢-混凝土组合结构施工规范》GB 50901—2013

4.1.2 当钢-混凝土组合结构用钢材、焊接材料及连接件等材料替换使用时，应办理设计变更文件。

10.2.1 钢筋套筒、连接板与型钢连接接头抗拉承载力，不应小于被连接钢筋的实际拉断力或 1.10 倍钢筋抗拉强度标准值对应的拉断力。

检查数量：全数检查。

检验方法：检查产品合格证、接头力学性能进场复验报告。

十一、《建筑防腐蚀工程施工规范》GB 50212—2014

5.1.8 施工中严禁使用明火或蒸汽直接加热。

5.3.4 乙烯基酯树脂或不饱和聚酯树脂胶料、胶泥、砂浆和细石混凝土的配制应符合下列规定：

2 严禁促进剂与引发剂直接混合。

6.1.4 水玻璃类防腐蚀工程在施工及养护期间应符合下列规定：

1 严禁与水或水蒸气接触。

10.1.11 当在密闭或有限空间施工时，必须采取强制通风。

10.1.12 防腐蚀涂料和稀释剂在运输、贮存、施工及养护过程中，严禁明火，并应防尘、防暴晒，不得与酸、碱等化学介质接触。

十二、《扩声系统工程施工规范》GB 50949—2013

3.6.3 当涉及承重结构改动或增加荷载时，必须核查有关原始资料，对既有建筑结构的安全性和荷载进行核验。

3.6.5 扬声器系统安装时，必须对安装装置和安装装置的固定点进行核查。对于主扬声器系统，必须附加独立的柔性防坠落安全保障措施，其承重能力不得低于主扬声器系统自身重量的2倍。

十三、《工业金属管道工程施工规范》GB 50235—2010

1.0.5 当需要修改设计文件及材料代用时，必须经原设计单位同意，并应出具书面文件。

8.6.1 管道安装完毕、热处理和无损检测合格后，应进行压力试验。压力试验应符合下列规定：

2 脆性材料严禁使用气体进行压力试验。压力试验温度严禁接近金属材料的脆性转变温度。

8.6.6 泄漏性试验应按设计文件的规定进行，并应符合下列规定：

1 输送极度和高度危害介质以及可燃介质的管道，必须进行泄漏性试验。

十四、《现场设备、工业管道焊接工程施工规范》GB 50236—2011

5.0.1 在掌握材料的焊接性能后，必须在工程焊接前进行焊接工艺评定。

十五、《工业设备及管道防腐蚀工程施工规范》GB 50726—2011

3.1.5 在防腐蚀工程施工过程中，不得同时进行焊接、气割、直接敲击等作业。

3.1.7 对不可拆卸的密闭设备必须设置人孔。人孔的大小及数量应根据设备容积、公称尺寸的大小确定，且人孔数量不应少于2个。

15.0.5 压力容器设备必须通过法定检测机构定期检验，未经检验或定期检验不合格的压力容器，不得继续使用。

15.0.9 设备、管道内部涂装和衬里作业安全应采取下列措施：

3 设置机械通风，通风量和风速应符合现行国家标准《涂装作业安全规程　涂漆前处理工艺安全及其通风净化》GB 7692

的有关规定。

　　4　采用防爆型电气设备和照明器具；采取防静电保护措施。

　　6　可燃性气体、蒸汽和粉尘浓度应控制在可燃烧极限和爆炸下限的 10％以下。

15.0.10　高处作业安全应采取下列措施：

　　4　作业顺序应合理，不得在同一方向多层垂直作业。

　　5　作业人员应穿戴防滑鞋、安全帽、安全带；安全带应高挂低用。

　　6　遇雷雨和五级以上大风，应停止作业。

15.0.11　施工现场动火作业安全应采取下列措施：

　　2　动火区内的易燃物应清除。

　　3　动火作业区应设置安全警示标志，并设专人负责火灾监控。

　　4　动火区应配备消防水源和灭火器具，消防道路应畅通。

　　5　动火作业时不得与使用危险化学品的有关作业同时进行。

　　6　设备管道内部动火应采取通风换气措施；空气中氧含量不得低于 18％。

　　7　动火作业结束，应检查并消除火灾隐患后再离开现场。

15.0.12　施工现场基体表面处理作业安全应采取下列措施：

　　3　喷射胶管的非移动部分应加设防爆护管，并应避开道路和防火防爆区域。

　　6　设备管道内部通风应符合本规范第 15.0.9 条第 3 款的规定。

15.0.14　防腐蚀施工作业场所有害气体、蒸汽和粉尘的浓度应符合国家现行有关工作场所有害因素职业接触限值的规定。

16.0.1　施工中产生的固体废物的处理应符合下列规定：

　　4　施工现场严禁焚烧各类废弃物。

16.0.2　施工中产生的危险废物的管理和贮存应符合下列规定：

　　6　严禁向未经许可的任何区域内倾倒、堆放、填埋或排放危险废物。

16.0.3 施工中产生的灰尘、粉尘等污染的防治应符合下列规定：

　　4 收集、贮存、运输或装卸有毒有害气体或粉尘材料时，必须采取密闭措施或其他防护措施。

十六、《城镇污水处理厂工程施工规范》GB 51221—2017

3.0.11 城镇污水处理厂工程施工中，必须对所有隐蔽工程进行验收。

5.4.8 基坑周边、放坡平台的施工荷载应按照设计要求进行控制。

6.1.4 池类构筑物施工完毕交付安装前，必须进行满水试验。承压构筑物满水试验合格后，尚应进行气密性试验。

十七、《建筑工程逆作法技术标准》JGJ 432—2018

3.0.4 逆作法施工中的主体结构应满足建筑结构的承载力、变形和耐久性的控制要求。

3.0.9 逆作法建筑工程应进行信息化施工，并应对基坑支护体系、地下结构和周边环境进行全过程监测。

7.1.4 临时竖向支承柱的拆除应在后期竖向结构施工完成并达到竖向荷载转换条件后进行，并应按自上而下的顺序拆除，拆除时应监测相应区域结构变形，并应预先制定应急预案。

8.1.5 上下同步逆作法施工时，应对上下同步逆作区域内的竖向支承桩柱、托换结构进行变形监测。

十八、《城市道路工程技术规范》GB 51286—2018（节选）

3 道路

3.8 施工

3.8.1 道路施工应满足道路结构的强度、稳定性及耐久性要求。

3.8.2 道路施工应进行必要的施工工艺性能检测、工程质量检验及专项验收，并应满足道路防排水要求。

3.8.3 基坑、基槽及道路边坡、挡土墙施工应进行必要的监控量测，合理控制地下水，保障结构安全，同时应保护水环境。

3.8.4 高填土路基与软土路基施工，应进行沉降观测，在沉降稳定后再进行道路基层施工。

4　桥梁

4.5　施工

4.5.1 桥梁施工应满足施工期间交通组织的要求，应优先采用预制化、机械化等对社会交通影响相对较小的施工方案。

4.5.2 桥梁工程建设应在施工前确定涉及结构安全和使用功能的重点部位，关键工序，应制定满足安全、质量和环保要求的控制指标，控制措施。

4.5.3 桥梁施工所需的工装、设备及设施应满足承载能力、强度、刚度和整体稳定性要求，并应同时满足工艺性能、安全保护及环境保护要求。

4.5.4 模板、支架及深基坑工程在施工全过程中应满足安全性、稳定性及相关技术性能指标的要求，必要时应进行专项评估论证。

4.5.5 桥梁施工应采取保证施工安全、结构安全和环境安全的防护措施。

5　隧道

5.5　施工

5.5.1 隧道施工应采取必要的安全措施，保护施工人员身体健康和安全。

5.5.2 隧道施工必须建立施工测量和复测系统。

5.5.3 隧道施工应进行地质预测、预报，实施动态管理。

5.5.4 隧道施工应制定施工全过程的监控量测方案及工程应急处理预案。当施工前方地质出现异常变化迹象或接近围岩重要分界线时，应及时探明隧道的工程地质和水文地质情况后方可继续开挖。

第三篇　验　收

一、《建筑工程施工质量验收统一标准》GB 50300—2013

5.0.8 经返修或加固处理仍不能满足安全或重要使用要求的分部工程及单位工程，严禁验收。

6.0.6 建设单位收到工程竣工报告后，应由建设单位项目负责人组织监理、施工、设计、勘察等单位项目负责人进行单位工程验收。

二、《建筑地基基础工程施工质量验收标准》GB 50202—2018

5.1.3 灌注桩混凝土强度检验的试件应在施工现场随机抽取。来自同一搅拌站的混凝土，每浇筑 $50m^3$ 必须至少留置 1 组试件；当混凝土浇筑量不足 $50m^3$ 时，每连续浇筑 12h 必须至少留置 1 组试件。对单柱单桩，每根桩应至少留置 1 组试件。

三、《砌体结构工程施工质量验收规范》GB 50203—2011

4.0.1 水泥使用应符合下列规定：

　　1 水泥进场时应对其品种、等级、包装或散装仓号、出厂日期等进行检查，并应对其强度、安定性进行复验，其质量必须符合现行国家标准《通用硅酸盐水泥》GB 175 的有关规定。

　　2 当在使用中对水泥质量有怀疑或水泥出厂超过三个月（快硬硅酸盐水泥超过一个月）时，应复查试验，并按复验结果使用。

5.2.1 砖和砂浆的强度等级必须符合设计要求。

5.2.3 砖砌体的转角处和交接处应同时砌筑，严禁无可靠措施的内外墙分砌施工。在抗震设防烈度为 8 度及 8 度以上地区，对不能同时砌筑而又必须留置的临时间断处应砌成斜槎，普通砖砌体斜槎水平投影长度不应小于高度的 2/3，多孔砖砌体的斜槎长高比不应小于 1/2。斜槎高度不得超过一步脚手架的高度。

6.1.8 承重墙体使用的小砌块应完整、无破损、无裂缝。

6.1.10 小砌块应将生产时的底面朝上反砌于墙上。

6.2.1 小砌块和芯柱混凝土、砌筑砂浆的强度等级必须符合设计要求。

6.2.3 墙体转角处和纵横交接处应同时砌筑。临时间断处应砌成斜槎，斜槎水平投影长度不应小于斜槎高度。施工洞口可预留直槎，但在洞口砌筑和补砌时，应在直槎上下搭砌的小砌块孔洞内用强度等级不低于 C20（或 Cb20）的混凝土灌实。

7.1.10 挡土墙的泄水孔当设计无规定时，施工应符合下列规定：

    1 泄水孔应均匀设置，在每米高度上间隔 2m 左右设置一个泄水孔；

    2 泄水孔与土体间铺设长宽各为 300mm、厚 200mm 的卵石或碎石作疏水层。

7.2.1 石材及砂浆强度等级必须符合设计要求。

8.2.1 钢筋的品种、规格、数量和设置部位应符合设计要求。

8.2.2 构造柱、芯柱、组合砌体构件、配筋砌体剪力墙构件的混凝土及砂浆的强度等级应符合设计要求。

10.0.4 冬期施工所用材料应符合下列规定：

    1 石灰膏、电石膏等应防止受冻，如遭冻结，应经融化后使用；

    2 拌制砂浆用砂，不得含有冰块和大于 10mm 的冻结块；

    3 砌体用块体不得遭水浸冻。

四、《混凝土结构工程施工质量验收规范》GB 50204—2015

4.1.2 模板及支架应根据安装、使用和拆除工况进行设计，并应满足承载力、刚度和整体稳固性要求。

5.2.1 钢筋进场时，应按国家现行相关标准的规定抽取试件作屈服强度、抗拉强度、伸长率、弯曲性能和重量偏差检验，检验结果应符合相应标准的规定。

    检查数量：按进场批次和产品的抽样检验方案确定。

检验方法：检查质量证明文件和抽样检验报告。

5.2.3　对按一、二、三级抗震等级设计的框架和斜撑构件（含梯段）中的纵向受力普通钢筋应采用 HRB335E、HRB400E、HRB500E、HRBF335E、HRBF400E 或 HRBF500E 钢筋，其强度和最大力下总伸长率的实测值应符合下列规定：

　　1　抗拉强度实测值与屈服强度实测值的比值不应小于1.25；

　　2　屈服强度实测值与屈服强度标准值的比值不应大于1.30；

　　3　最大力下总伸长率不应小于 9%。

　　检查数量：按进场的批次和产品的抽样检验方案确定。

　　检验方法：检查抽样检验报告。

5.5.1　钢筋安装时，受力钢筋的牌号、规格和数量必须符合设计要求。

　　检查数量：全数检查。

　　检验方法：观察，尺量。

6.2.1　预应力筋进场时，应按国家现行相关标准的规定抽取试件作抗拉强度、伸长率检验，其检验结果应符合相应标准的规定。

　　检查数量：按进场的批次和产品的抽样检验方案确定。

　　检验方法：检查质量证明文件和抽样检验报告。

6.3.1　预应力筋安装时，其品种、规格、级别和数量必须符合设计要求。

　　检查数量：全数检查。

　　检验方法：观察，尺量。

6.4.2　对后张法预应力结构构件，钢绞线出现断裂或滑脱的数量不应超过同一截面钢绞线总根数的 3%，且每根断裂的钢绞线断丝不得超过一丝；对多跨双向连续板，其同一截面应按每跨计算。

　　检查数量：全数检查。

　　检验方法：观察，检查张拉记录。

7.2.1　水泥进场时，应对其品种、代号、强度等级、包装或散装仓号、出厂日期等进行检查，并应对水泥的强度、安定性和凝结时间进行检验，检验结果应符合现行国家标准《通用硅酸盐水泥》GB 175 的相关规定。

检查数量：按同一厂家、同一品种、同一代号、同一强度等级、同一批号且连续进场的水泥，袋装不超过 200t 为一批，散装不超过 500t 为一批，每批抽样数量不应少于一次。

检验方法：检查质量证明文件和抽样检验报告。

7.4.1 混凝土的强度等级必须符合设计要求。用于检验混凝土强度的试件应在浇筑地点随机抽取。

检查数量：对同一配合比混凝土，取样与试件留置应符合下列规定：

1 每拌制 100 盘且不超过 100m³ 时，取样不得少于一次；

2 每工作班拌制不足 100 盘时，取样不得少于一次；

3 连续浇筑超过 1000m³ 时，每 200m³ 取样不得少于一次；

4 每一楼层取样不得少于一次；

5 每次取样应至少留置一组试件。

检验方法：检查施工记录及混凝土强度试验报告。

五、《钢结构工程施工质量验收标准》GB 50205—2020

4.2.1 钢板的品种、规格、性能应符合国家现行标准的规定并满足设计要求。钢板进场时。应按国家现行标准的规定抽取试件且应进行屈服强度、抗拉强度、伸长率和厚度偏差检验，检验结果应符合国家现行标准的规定。

检查数量：质量证明文件全数检查；抽样数量按进场批次和产品的抽样检验方案确定。

检验方法：检查质量证明文件和抽样检验报告。

4.3.1 型材和管材的品种、规格、性能应符合国家现行标准的规定并满足设计要求。型材和管材进场时，应按国家现行标准的规定抽取试件且应进行屈服强度、抗拉强度、伸长率和厚度偏差检验，检验结果应符合国家现行标准的规定。

检查数量：质量证明文件全数检查；抽样数量按进场批次和产品的抽样检验方案确定。

检验方法：检查质量证明文件和抽样检验报告。

4.4.1 铸钢件的品种、规格、性能应符合国家现行标准的规定并满足设计要求。铸钢件进场时，应按国家现行标准的规定抽取试件且应进行屈服强度、抗拉强度、伸长率和端口尺寸偏差检验，检验结果应符合国家现行标准的规定。

检查数量：质量证明文件全数检查；抽样数量按进场批次和产品的抽样检验方案确定。

检验方法：检查质量证明文件和抽样检验报告。

4.5.1 拉索、拉杆、锚具的品种、规格、性能应符合国家现行标准的规定并满足设计要求。拉索、拉杆、锚具进场时，应按国家现行标准的规定抽取试件且应进行屈服强度、抗拉强度、伸长率和尺寸偏差检验，检验结果应符合国家现行标准的规定。

检查数量：质量证明文件全数检查；抽样数量按进场批次和产品的抽样检验方案确定。

检验方法：检查质量证明文件和抽样检验报告。

4.6.1 焊接材料的品种、规格、性能应符合国家现行标准的规定并满足设计要求。焊接材料进场时，应按国家现行标准的规定抽取试件且应进行化学成分和力学性能检验，检验结果应符合国家现行标准的规定。

检查数量：质量证明文件全数检查；抽样数量按进场批次和产品的抽样检验方案确定。

检验方法：检查质量证明文件和抽样检验报告。

4.7.1 钢结构连接用高强度螺栓连接副的品种、规格、性能应符合国家现行标准的规定并满足设计要求。高强度大六角头螺栓连接副应随箱带有扭矩系数检验报告，扭剪型高强度螺栓连接副应随箱带有紧固轴力（预拉力）检验报告。高强度大六角头螺栓连接副和扭剪型高强度螺栓连接副进场时，应按国家现行标准的规定抽取试件且应分别进行扭矩系数和紧固轴力（预拉力）检验，检验结果应符合国家现行标准的规定。

检查数量：质量证明文件全数检查，抽样数量按进场批次和产品的抽样检验方案确定。

检验方法：检查质量证明文件和抽样检验报告。

5.2.4 设计要求的一、二级焊缝应进行内部缺陷的无损检测二级焊缝的质量等级和检测要求应符合表5.2.4的规定。

检查数量：全数检查。

检验方法：检查超声波或射线探伤记录。

表5.2.4　一级、二级焊缝质量等级及无损检测要求

焊缝质量等级		一级	二级
内部缺陷超声波探伤	缺陷评定等级	Ⅱ	Ⅲ
	检验等级	B级	B级
	检测比例	100%	20%
内部缺陷射线探伤	缺陷评定等级	Ⅱ	Ⅲ
	检验等级	B级	B级
	检测比例	100%	20%

注：二级焊缝检测比例的计数方法应按以下原则确定：工厂制作焊缝按照焊缝长度计算百分比，且探伤长度不小于200mm；当焊缝长度小于200mm时，应对整条焊缝探伤；现场安装焊缝应按照同一类型、同一施焊条件的焊缝条数计算百分比，且不应少于3条焊缝。

6.3.1　钢结构制作和安装单位应分别进行高强度螺栓连接摩擦面（含涂层摩擦面）的抗滑移系数试验和复验，现场处理的构件摩擦面应单独进行摩擦面抗滑移系数试验，其结果应满足设计要求。

检查数量：按本标准附录B执行。

检验方法：检查摩擦面抗滑移系数试验报告及复验报告。

8.2.1　钢材、钢部件拼接或对接时所采用的焊缝质量等级应满足设计要求。当设计无要求时，应采用质量等级不低于二级的熔透焊缝，对直接承受拉力的焊缝，应采用一级熔透焊缝。

检查数量：全数检查。

检验方法：检查超声波探伤报告。

11.4.1　钢管（闭口截面）构件应有预防管内进水、存水的构造措施，严禁钢管内存水。

检查数量：全数检查。

检验方法：观察检查。

13.2.3　防腐涂料、涂装遍数、涂装间隔、涂层厚度均应满足设计文件、涂料产品标准的要求。当设计对涂层厚度无要求时，涂层干漆膜总厚度：室外不应小于 $150\mu m$，室内不应小于 $125\mu m$。

检查数量：按照构件数抽查 10%，且同类构件不应少于 3 件。

检验方法：用干漆膜测厚仪检查。每个构件检测 5 处，每处的数值为 3 个相距 50mm 测点涂层干漆膜厚度的平均值。漆膜厚度的允许偏差应为 $-25\mu m$。

13.4.3　膨胀型（超薄型、薄涂型）防火涂料、厚涂型防火涂料的涂层厚度及隔热性能应满足国家现行标准有关耐火极限的要求，且不应小于 $-200\mu m$。当采用厚涂型防火涂料涂装时，80% 及以上涂层面积应满足国家现行标准有关耐火极限的要求，且最薄处厚度不应低于设计要求的 85%。

检查数量：按照构件数抽查 10%，且同类构件不应少于 3 件。

检验方法：膨胀型（超薄型、薄涂型）防火涂料采用涂层厚度测量仪，涂层厚度允许偏差应为 -5%。厚涂型防火涂料的涂层厚度采用本标准附录 E 的方法检测。

六、《木结构工程施工质量验收规范》GB 50206—2012

4.2.1　方木、原木结构的形式、结构布置和构件尺寸，应符合设计文件的规定。

检查数量：检验批全数。

4.2.2　结构用木材应符合设计文件的规定，并应具有产品质量证书。

检查数量：检验批全数。

4.2.12 钉连接、螺栓连接节点的连接件（钉、螺栓）的规格、数量，应符合设计文件的规定。

检查数量：检验批全数。

5.2.1 胶合木结构的结构形式、结构布置和构件截面尺寸，应符合设计文件的规定。

检查数量：检验批全数。

5.2.2 结构用层板胶合木的类别、强度等级和组坯方式，应符合设计文件的规定，并应有产品质量合格证书和产品标识，同时应有满足产品标准规定的胶缝完整性检验和层板指接强度检验合格证书。

检查数量：检验批全数。

5.2.7 各连接节点的连接件类别、规格和数量应符合设计文件的规定。桁架端部节点齿连接胶合木端部的受剪面及螺栓连接中的螺栓位置，不应与漏胶胶缝重合。

检查数量：检验批全数。

6.2.1 轻型木结构的承重墙（包括剪力墙）、柱、楼盖、屋盖布置、抗倾覆措施及屋盖掀起措施等，应符合设计文件的规定。

检查数量：检验批全数。

6.2.2 进场规格材应有产品质量合格证书和产品标识。

检查数量：检验批全数。

6.2.11 轻型木结构各类构件间连接的金属连接件的规格、钉连接的用钉规格和数量，应符合设计文件的规定。

检查数量：检验批全数。

7.1.4 阻燃剂、防火涂料以及防腐、防虫等药剂，不得危及人畜安全，不得污染环境。

七、《屋面工程质量验收规范》GB 50207—2012

3.0.6 屋面工程所用的防水、保温材料应有产品合格证书和性

能检测报告，材料的品种、规格、性能等必须符合国家现行产品
标准和设计要求。产品质量应由经过省级以上建设行政主管部门
对其资质认可和质量技术监督部门对其计量认证的质量检测单位
进行检测。

3.0.12　屋面防水工程完工后，应进行观感质量检查和雨后观察
或淋水、蓄水试验，不得有渗漏和积水现象。

5.1.7　保温材料的导热系数、表观密度或干密度、抗压强度或
压缩强度、燃烧性能，必须符合设计要求。

7.2.7　瓦片必须铺置牢固。在大风及地震设防地区或屋面坡度
大于100%时，应按设计要求采取固定加强措施。

八、《地下防水工程质量验收规范》GB 50208—2011

4.1.16　防水混凝土结构的施工缝、变形缝、后浇带、穿墙管、
埋设件等设置和构造必须符合设计要求。

4.4.8　涂料防水层的平均厚度应符合设计要求，最小厚度不得
小于设计厚度的90%。

5.2.3　中埋式止水带埋设位置应准确，其中间空心圆环与变形
缝的中心线应重合。

5.3.4　采用掺膨胀剂的补偿收缩混凝土，其抗压强度、抗渗性
能和限制膨胀率必须符合设计要求。

7.2.12　隧道、坑道排水系统必须通畅。

九、《建筑地面工程施工质量验收规范》GB 50209—2010

3.0.3　建筑地面工程采用的材料或产品应符合设计要求和国家
现行有关标准的规定。无国家现行标准的，应具有省级住房和城
乡建设行政主管部门的技术认可文件。材料或产品进场时还应符
合下列规定：

　　1　应有质量合格证明文件；

　　2　应对型号、规格、外观等进行验收，对重要材料或产品
应抽样进行复验。

3.0.5 厕浴间和有防滑要求的建筑地面应符合设计防滑要求。

3.0.18 厕浴间、厨房和有排水（或其他液体）要求的建筑地面面层与相连接各类面层的标高差应符合设计要求。

4.9.3 有防水要求的建筑地面工程，铺设前必须对立管、套管和地漏与楼板节点之间进行密封处理，并应进行隐蔽验收；排水坡度应符合设计要求。

4.10.11 厕浴间和有防水要求的建筑地面必须设置防水隔离层。楼层结构必须采用现浇混凝土或整块预制混凝土板，混凝土强度等级不应小于 C20；房间的楼板四周除门洞外应做混凝土翻边，高度不应小于 200mm，宽同墙厚，混凝土强度等级不应小于 C20。施工时结构层标高和预留孔洞位置应准确，严禁乱凿洞。

4.10.13 防水隔离层严禁渗漏，排水的坡向应正确、排水通畅。

5.7.4 不发火（防爆）面层中碎石的不发火性必须合格；砂应质地坚硬、表面粗糙，其粒径应为 0.15mm～5mm，含泥量不应大于 3%，有机物含量不应大于 0.5%；水泥应采用硅酸盐水泥、普通硅酸盐水泥；面层分格的嵌条应采用不发生火花的材料配制。配制时应随时检查，不得混入金属或其他易发生火花的杂质。

十、《建筑装饰装修工程质量验收标准》GB 50210—2018

3.1.4 既有建筑装饰工程设计涉及主体和承重结构变动时，必须在施工前委托原结构设计单位或者具有相应资质条件的设计单位提出设计方案，或由检测鉴定单位对建筑结构的安全性进行鉴定。

6.1.11 建筑外门窗安装必须牢固。在砌体上安装门窗严禁采用射钉固定。

6.1.12 推拉门窗扇必须牢固，必须安装防脱落装置。

7.1.12 重型设备和有振动荷载的设备严禁安装在吊顶工程的龙骨上。

11.1.12 幕墙与主体结构连接的各种预埋件，其数量、规格、位置和防腐处理必须符合设计要求。

十一、《跨座式单轨交通施工及验收规范》GB 50614—2010

1.0.7 施工中应采取稳妥可靠的安全措施，保证施工周边建筑、构筑物安全和施工人员职业健康安全。

1.0.8 位于城市主干道、商业集中区、学校、医院等人口稠密区域的施工项目，在施工时应根据安全、环保与防灾要求设置施工围蔽、防尘、降噪、防火与疏散等设施。

1.0.10 工程施工应控制土建施工和设备安装的精度，不得侵入限界。

6.1.3 道岔设备安装必须符合岔道设备界限要求，并应满足车辆行驶和安全运营的条件。

6.3.2 控制装置安装应检查岔道控制电路的"故障-安全"特性；在使用中，不得有错误表示。

7.5.2 动力箱、照明箱、电控箱的金属外壳应接地，接地线的另一端应与变电所低压柜的接地线连接。

8.1.2 在施工安装、调试及验收过程中，电路板损坏及设备报警时，应及时排除故障，故障排除前不得强行送电。

8.1.6 安装通信系统的车载设备不得超出车辆限界，安装通信系统的地面设备不得侵入设备限界。

9.3.1 信号机应采用 LED 光源构成的色灯式信号机，信号机的安装位置应符合设计要求，不得侵入设备界限。

9.4.4 电源屏相位与引入电源的相位、屏与屏之间的相位应相符。

10.2.18 室内消火栓系统安装完成后，应取屋顶层或在水箱间内试验消火栓和首层取两处消火栓做试射试验，并应达到设计要求。

13.1.3 站台屏蔽门或安全门安装必须满足相应车站限界要求。

14.1.3 施工过程中及施工竣工后线路防护网、防护栏、屏蔽棚不得侵入限界。

十二、《建筑防腐蚀工程施工质量验收规范》GB 50224—2010

3.2.6 通过返修处理仍不能满足安全使用要求的工程，严禁验收。

十三、《建筑给水排水及采暖工程施工质量验收规范》GB 50242—2002

3.3.3 地下室或地下构筑物外墙有管道穿过的，应采取防水措施。对有严格防水要求的建筑物，必须采用柔性防水套管。

3.3.16 各种承压管道系统和设备应做水压试验，非承压管道系统和设备应做灌水试验。

4.1.2 给水管道必须采用与管材相适应的管件。生活给水系统所涉及的材料必须达到饮用水卫生标准。

4.2.3 生产给水系统管道在交付使用前必须冲洗和消毒，并经有关部门取样检验，符合国家《生活饮用水标准》方可使用。

检验方法：检查有关部门提供的检测报告。

4.3.1 室内消火栓系统安装完成后应取屋顶层（或水箱间内）试验消火栓和首层取二处消火栓做试射试验，达到设计要求为合格。

检验方法：实地试射检查。

5.2.1 隐蔽或埋地的排水管道在隐蔽前必须做灌水试验，其灌水高度应不低于底层卫生器具的上边缘或底层地面高度。

检验方法：满水 15min 水面下降后，再灌满观察 5min，液面不降，管道及接口无渗漏为合格。

8.2.1 管道安装坡度，当设计未注明时，应符合下列规定：

1 气、水同向流动的热水采暖管道和汽、水同向流动的蒸汽管道及凝结水管道，坡度应为 3‰，不得小于 2‰；

2 气、水逆向流动的热水采暖管道和汽、水逆向流动的蒸汽管道，坡度不应小于 5‰；

3 散热器支管的坡度应为 1%，坡向应利于排气和泄水。

检验方法：观察，水平尺、拉线、尺量检查。

8.3.1 散热器组对后，以及整组出厂的散热器在安装之前应作水压试验。试验压力如设计无要求时应为工作压力的 1.5 倍，但不小于 0.6MPa。

检验方法：试验时间为 2～3min，压力不降且不渗不漏。

8.5.1 地面下敷设的盘管埋地部分不应有接头。

检验方法：隐蔽前现场查看。

8.5.2 盘管隐蔽前必须进行水压试验，试验压力为工作压力的 1.5 倍，但不小于 0.6MPa。

检验方法：稳压 1h 内压力降不大于 0.05MPa 且不渗不漏。

8.6.1 采暖系统安装完毕，管道保温之前应进行水压试验。试验压力应符合设计要求。当设计未注明时，应符合下列规定：

1 蒸汽、热水采暖系统，应以系统顶点工作压力加 0.1MPa 作水压试验，同时在系统顶点的试验压力不小于 0.3MPa。

2 高温热水采暖系统，试验压力应为系统顶点工作压力加 0.4MPa。

3 使用塑料管及复合管的热水采暖系统，应以系统顶点工作压力加 0.2MPa 作水压试验，同时在系统顶点的试验压力不小于 0.4MPa。

检验方法：使用钢管及复合管的采暖系统应在试验压力下 10min 内压力降不大于 0.02MPa，降至工作压力后检查，不渗、不漏；

使用塑料管的采暖系统应在试验压力下 1h 内压力降不大于 0.05MPa，然后降压至工作压力的 1.15 倍，稳压 2h，压力降不大于 0.03MPa，同时各连接处不渗、不漏。

8.6.3 系统冲洗完毕应充水、加热，进行试运行和调试。

检验方法：观察、测量室温应满足设计要求。

9.2.7 给水管道在竣工后，必须对管道进行冲洗，饮用水管道还要在冲洗后进行消毒，满足饮用水卫生要求。

检验方法：观察冲洗水的浊度，查看有关部门提供的检验报告。

10.2.1 排水管道的坡度必须符合设计要求，严禁无坡或倒坡。

检验方法：用水准仪、拉线和尺量检查。

11.3.3 管道冲洗完毕应通水、加热，进行试运行和调试。当不具备加热条件时，应延期进行。

检验方法：测量各建筑物热力入口处供回水温度及压力。

13.2.6 锅炉的汽、水系统安装完毕后，必须进行水压试验。水压试验的压力应符合表 13.2.6 的规定。

表 13.2.6 水压试验压力规定

项次	设备名称	工作压力 P（MPa）	试验压力（MPa）
1	锅炉本体	$P<0.59$	1.5P 但不小于 0.2
		$0.59{\leqslant}P{\leqslant}1.18$	$P+0.3$
		$P>1.18$	1.25P
2	可分式省煤器	P	1.25$P+0.5$
3	非承压锅炉	大气压力	0.2

注：① 工作压力 P 对蒸汽锅炉指锅筒工作压力，对热水锅炉指锅炉额定出水压力；

　　② 铸铁锅炉水压试验同热水锅炉；

　　③ 非承压锅炉水压试验压力为 0.2MPa，试验期间压力应保持不变。

检验方法：

1. 在试验压力下 10min 内压力降不超过 0.02MPa；然后降至工作压力进行检查，压力不降，不渗、不漏；

2. 观察检查，不得有残余变形，受压元件金属壁和焊缝上不得有水珠和水雾。

13.4.1 锅炉和省煤器安全阀的定压和调整应符合表 13.4.1 的规定。锅炉上装有两个安全阀时，其中的一个按表中较高值定压，另一个按较低值定压。装有一个安全阀时，应按较低值定压。

表 13.4.1　安全阀定压规定

项次	工作设备	安全阀开启压力（MPa）
1	蒸汽锅炉	工作压力+0.02MPa
		工作压力+0.04MPa
2	热水锅炉	1.12倍工作压力，但不少于工作压力+0.07MPa
		1.14倍工作压力，但不少于工作压力+0.10MPa
3	省煤器	1.1倍工作压力

13.4.4　锅炉的高低水位报警器和超温、超压报警器及联锁保护装置必须按设计要求安装齐全和有效。

检验方法：启动、联动试验并作好试验记录。

13.5.3　锅炉在烘炉、煮炉合格后，应进行48h的带负荷连续试运行，同时应进行安全阀的热状态定压检验和调整。

检验方法：检查烘炉、煮炉及试运行全过程。

13.6.1　热交换器应以最大工作压力的1.5倍作水压试验，蒸汽部分应不低于蒸汽供汽压力加0.3MPa；热水部分应不低于0.4MPa。

检验方法：在试验压力下，保持10min压力不降。

十四、《通风与空调工程施工质量验收规范》GB 50243—2016

4.2.2　防火风管的本体、框架与固定材料、密封垫料等必须采用不燃材料，防火风管的耐火极限时间应符合系统防火设计的规定。

4.2.5　复合材料风管的覆面材料必须采用不燃材料，内层的绝热材料应采用不燃或难燃且对人体无害的材料。

5.2.7　防排烟系统的柔性短管必须采用不燃材料。

6.2.2　当风管穿过需要封闭的防火、防爆的墙体或楼板时，必须设置厚度不小于1.6mm的钢制防护套管；风管与防护套管之间应采用不燃柔性材料封堵严密。

6.2.3　风管安装必须符合下列规定：

1 风管内严禁其他管线穿越。

2 输送含有易燃、易爆气体或安装在易燃、易爆环境的风管系统必须设置可靠的防静电接地装置。

3 输送含有易燃、易爆气体的风管系统通过生活区或其他辅助生产房间时不得设置接口。

4 室外风管系统的拉索等金属固定件严禁与避雷针或避雷网连接。

7.2.2 通风机传动装置的外露部位以及直通大气的进、出风口，必须装设防护罩、防护网或采取其他安全防护措施。

7.2.10 静电式空气净化装置的金属外壳必须与PE线可靠连接。

7.2.11 电加热器的安装必须符合下列规定：

1 电加热器与钢构架间的绝热层必须采用不燃材料，外露的接线柱应加设安全防护罩。

2 电加热器的外露可导电部分必须与PE线可靠连接。

3 连接电加热器抽象管的法兰垫片，应采用耐热不燃材料。

8.2.4 燃油管道系统必须设置可靠的防静电接地装置。

8.2.5 燃气管道的安装必须符合下列规定：

1 燃气系统管道与机组的连接不得使用非金属软管。

2 当燃气供气管道压力大于5kPa时，焊缝无损检测应按设计要求执行；当设计无规定时，应对全部焊缝进行无损检测并合格。

3 燃气管道吹扫和压力试验的介质应采用空气或氮气，严禁采用水。

十五、《建筑电气工程施工质量验收规范》GB 50303—2015

3.1.5 高压的电气设备、布线系统以及继电保护系统必须交接试验合格。

3.1.7 电气设备的外露可导电部分应单独与保护导体相连接，

不得串联连接，连接导体的材质、截面积应符合设计要求。

6.1.1　电动机、电加热器及电动执行机构的外露可导电部分必须与保护导体可靠连接。

10.1.1　母线槽的金属外壳等外露可导电部分应与保护导体可靠连接，并应符合下列规定：

　　1　每段母线槽的金属外壳间应连接可靠，且母线槽全长与保护导体可靠连接不应小于 2 处；

　　2　分支母线槽的金属外壳末端应与保护导体可靠连接；

　　3　连接导体的材质、截面积应符合设计要求。

11.1.1　金属梯架、托盘或槽盒本体之间的连接应牢固可靠，与保护导体的连接应符合下列规定：

　　1　梯架、托盘和槽盒全长不大于 30m 时，不应少于 2 处与保护导体可靠连接；全长大于 30m 时，每隔 20m～30m 应增加一个连接点，起始端和终点端均应可靠接地。

　　2　非镀锌梯架、托盘和槽盒本体之间连接板的两端应跨接保护联结导体，保护联结导体的截面积应符合设计要求。

　　3　镀锌梯架、托盘和槽盒本体之间不跨接保护联结导体时，连接板每端不应少于 2 个有防松螺帽或防松垫圈的连接固定螺栓。

12.1.2　钢导管不得采用对口熔焊连接；镀锌钢导管或壁厚小于或等于 2mm 的钢导管，不得采用套管熔焊连接。

13.1.1　金属电缆支架必须与保护导体可靠连接。

13.1.5　交流单芯电缆或分相后的每相电缆不得单根独穿于钢导管内，固定用的夹具和支架不应形成闭合磁路。

14.1.1　同一交流回路的绝缘导线不应敷设于不同的金属槽盒内或穿于不同金属导管内。

15.1.1　塑料护套线严禁直接敷设在建筑物顶棚内、墙体内、抹灰层内、保温层内或装饰面内。

18.1.1　灯具固定应符合下列规定：

　　1　灯具固定应牢固可靠，在砌体和混凝土结构上严禁使用木楔、尼龙塞或塑料塞固定；

2 质量大于 10kg 的灯具，固定装置及悬吊装置应按灯具重量的 5 倍恒定均布载荷做强度试验，且持续时间不得少于 15min。

18.1.5 普通灯具的Ⅰ类灯具外露可导电部分必须采用铜芯软导线与保护导体可靠连接，连接处应设置接地标识，铜芯软导线的截面积应与进入灯具的电源线截面积相同。

19.1.1 专用灯具的Ⅰ类灯具外露可导电部分必须用铜芯软导线与保护导体可靠连接，连接处应设置接地标识，铜芯软导线的截面积应与进入灯具的电源线截面积相同。

19.1.6 景观照明灯具安装应符合下列规定：

1 在人行道等人员来往密集场所安装的落地式灯具，当无围栏防护时，灯具距地面高度应大于 2.5m；

2 金属构架及金属保护管应分别与保护导体采用焊接或螺栓连接，连接处应设置接地标识。

20.1.3 插座接线应符合下列规定：

1 对于单相两孔插座，面对插座的右孔或上孔应与相连线接，左孔或下孔应与中性导体（N）连接；对于单相三孔插座，面对插座的右孔应与相线连接，左孔应与中性导体（N）连接。

2 单相三孔、三相四孔及三相五孔插座的保护接地导体（PE）应接在上孔；插座的保护接地导体端子不得与中性导体端子连接；同一场所的三相插座，其接线的相序应一致。

3 保护接地导体（PE）在插座之间不得串联接线。

4 相线与中性导体（N）不应利用插座本体的接线端子转接供电。

23.1.1 接地干线应与接地装置可靠连接。

24.1.3 接闪器与防雷引下线必须采用焊接或卡接器连接，防雷引下线与接地装置必须采用焊接或螺栓连接。

十六、《电梯工程施工质量验收规范》GB 50310—2002

4.2.3 井道必须符合下列规定：

1 当底坑底面下有人员能到达的空间存在，且对重（或平衡重）上未设有安全钳装置时，对重缓冲器必须能安装在（或平衡重运行区域的下边必须）一直延伸到坚固地面上的实心桩墩上；

2 电梯安装之前，所有层门预留孔必须设有高度不小于1.2m 的安全保护围封，并应保证有足够的强度；

3 当相邻两层门地坎间的距离大于 11m 时，其间必须设置井道安全门，井道安全门严禁向井道内开启，且必须装有安全门处于关闭时电梯才能运行的电气安全装置。当相邻轿厢间有相互救援用轿厢安全门时，可不执行本条款。

4.5.2 层门强迫关门装置必须动作正常。

4.5.4 层门锁钩必须动作灵活，在证实锁紧的电气安全装置动作之前，锁紧元件的最小啮合长度为 7mm。

4.8.1 限速器动作速度整定封记必须完好，且无拆动痕迹。

4.8.2 当安全钳可调节时，整定封记应完好，且无拆动痕迹。

4.9.1 绳头组合必须安全可靠，且每个绳头组合必须安装防螺母松动和脱落的装置。

4.10.1 电气设备接地必须符合下列规定：

1 所有电气设备及导管、线槽的外露可导电部分均必须可靠接地（PE）；

2 接地支线应分别直接接至接地干线接线柱上，不得互相连接后再接地。

4.11.3 层门与轿门的试验必须符合下列规定：

1 每层层门必须能够用三角钥匙正常开启；

2 当一个层门或轿门（在多扇门中任何一扇门）非正常打开时，电梯严禁启动或继续运行。

6.2.2 在安装之前，井道周围必须设有保证安全的栏杆或屏障，其高度严禁小于 1.2m。

十七、《智能建筑工程质量验收规范》GB 50339—2013

12.0.2 当紧急广播系统具有火灾应急广播功能时，应检查传输线缆、槽盒和导管的防火保护措施。

22.0.4 智能建筑的接地系统必须保证建筑内各智能化系统的正常运行和人身、设备安全。

十八、《建筑内部装修防火施工及验收规范》GB 50354—2005

2.0.4 进入施工现场的装修材料应完好,并应核查其燃烧性能或耐火极限、防火性能型式检验报告、合格证书等技术文件是否符合防火设计要求。核查、检验时,应按本规范附录 B 的要求填写进场验收记录。

2.0.5 装修材料进入施工现场后,应按本规范的有关规定,在监理单位或建设单位监督下,由施工单位有关人员现场取样,并应由具备相应资质的检验单位进行见证取样检验。

2.0.6 装修施工过程中,装修材料应远离火源,并应指派专人负责施工现场的防火安全。

2.0.7 装修施工过程中,应对各装修部位的施工过程作详细记录。记录表的格式应符合本规范附录 C 的要求。

2.0.8 建筑工程内部装修不得影响消防设施的使用功能。装修施工过程中,当确需变更防火设计时,应经原设计单位或具有相应资质的设计单位按有关规定进行。

3.0.4 下列材料应进行抽样检验:

1 现场阻燃处理后的纺织织物,每种取 $2m^2$ 检验燃烧性能;

2 施工过程中受湿浸、燃烧性能可能受影响的纺织织物,每种取 $2m^2$ 检验燃烧性能。

4.0.4 下列材料应进行抽样检验:

1 现场阻燃处理后的木质材料,每种取 $4m^2$ 检验燃烧性能;

2 表面进行加工后的 B_1 级木质材料,每种取 $4m^2$ 检验燃烧性能。

5.0.4 现场阻燃处理后的泡沫塑料应进行抽样检验,每种取

0.1m^3 检验燃烧性能。

6.0.4　现场阻燃处理后的复合材料应进行抽样检验，每种取 4m^2 检验燃烧性能。

7.0.4　现场阻燃处理后的复合材料应进行抽样检验。

8.0.2　工程质量验收应符合下列要求：

1　技术资料应完整；

2　所用装修材料或产品的见证取样检验结果应满足设计要求；

3　装修施工过程中的抽样检验结果，包括隐蔽工程的施工过程中及完工后的抽样检验结果应符合设计要求；

4　现场进行阻燃处理、喷涂、安装作业的抽样检验结果应符合设计要求；

5　施工过程中的主控项目检验结果应全部合格；

6　施工过程中的一般项目检验结果合格率应达到 80％。

8.0.6　当装修施工的有关资料经审查全部合格、施工过程全部符合要求、现场检查或抽样检测结果全部合格时，工程验收应为合格。

十九、《建筑节能工程施工质量验收标准》GB 50411—2019

3.1.2　当工程设计变更时，建筑节能性能不得降低，且不得低于国家现行有关建筑节能设计标准的规定。

4.2.2　墙体节能工程使用的材料、产品进场时，应对其下列性能进行复验，复验应为见证取样检验：

1　保温隔热材料的导热系数或热阻、密度、压缩强度或抗压强度、垂直于板面方向的抗拉强度、吸水率、燃烧性能（不燃材料除外）；

2　复合保温板等墙体节能定型产品的传热系数或热阻、单位面积质量、拉伸粘结强度、燃烧性能（不燃材料除外）；

3　保温砌块等墙体节能定型产品的传热系数或热阻、抗压强度、吸水率；

4 反射隔热材料的太阳光反射比，半球发射率；

5 粘结材料的拉伸粘结强度；

6 抹面材料的拉伸粘结强度、压折比；

7 增强网的力学性能、抗腐蚀性能。

4.2.3 外墙外保温工程应采用预制构件、定型产品或成套技术，并应由同一供应商提供配套的组成材料和型式检验报告。型式检验报告中应包括耐候性和抗风压性能检验项目以及配套组成材料的名称、生产单位、规格型号及主要性能参数。

4.2.7 墙体节能工程的施工质量，必须符合下列规定：

1 保温隔热材料的厚度不得低于设计要求。

2 保温板材与基层之间及各构造层之间的粘结或连接必须牢固。保温板材与基层的连接方式、拉伸粘结强度和粘结面积比应符合设计要求。保温板材与基层之间的拉伸粘结强度应进行现场拉拔试验，且不得在界面破坏。粘结面积比应进行剥离检验。

3 当采用保温浆料做外保温时，厚度大于 20mm 的保温浆料应分层施工。保温浆料与基层之间及各层之间的粘结必须牢固，不应脱层、空鼓和开裂。

4 当保温层采用锚固件固定时。锚固件数量、位置、锚固深度、胶结材料性能和锚固力应符合设计和施工方案的要求；保温装饰板的锚固件应使其装饰面板可靠固定；锚固力应做现场拉拔试验。

5.2.2 幕墙（含采光顶）节能工程使用的材料、构件进场时，应对其下列性能进行复验，复验应为见证取样检验：

1 保温隔热材料的导热系数或热阻、密度、吸水率、燃烧性能（不燃材料除外）；

2 幕墙玻璃的可见光透射比、传热系数、遮阳系数、中空玻璃的密封性能；

3 隔热型材的抗拉强度、抗剪强度；

4 透光、半透光遮阳材料的太阳光透射比、太阳光反射比。

6.2.2 门窗（包括天窗）节能工程使用的材料、构件进场时，应按工程所处的气候区核查质量证明文件、节能性能标识证书、门窗节能性能计算书、复验报告，并应对下列性能进行复验，复验应为见证取样检验：

　　1　严寒、寒冷地区：门窗的传热系数、气密性能；

　　2　夏热冬冷地区：门窗的传热系数气密性能，玻璃的遮阳系数、可见光透射比；

　　3　夏热冬暖地区：门窗的气密性能，玻璃的遮阳系数、可见光透射比；

　　4　严寒、寒冷、夏热冬冷和夏热冬暖地区：透光、部分透光遮阳材料的太阳光透射比、太阳光反射比、中空玻璃的密封性能。

7.2.2　屋面节能工程使用的材料进场时，应对其下列性能进行复验，复验应为见证取样检验：

　　1　保温隔热材料的导热系数或热阻、密度、压缩强度或抗压强度、吸水率、燃烧性能（不燃材料除外）；

　　2　反射隔热材料的太阳光反射比、半球发射率。

8.2.2　地面节能工程使用的保温材料进场时，应对其导热系数或热阻、密度、压缩强度或抗压强度、吸水率、燃烧性能（不燃材料除外）等性能进行复验，复验应为见证取样检验。

9.2.2　供暖节能工程使用的散热器和保温材料进场时，应对其下列性能进行复验，复验应为见证取样检验：

　　1　散热器的单位散热量、金属热强度；

　　2　保温材料的导热系数或热阻、密度、吸水率。

9.2.3　供暖系统安装的温度调控装置和热计量装置，应满足设计要求的分室（户或区）温度调控、楼栋热计量和分户（区）热计量功能。

10.2.2　通风与空调节能工程使用的风机盘管机组和绝热材料进场时，应对其下列性能进行复验，复验应为见证取样检验。

　　1　风机盘管机组的供冷量、供热量、风量、水阻力、功率及噪声；

2 绝热材料的导热系数或热阻、密度、吸水率。

11.2.2 空调与供暖系统冷热源及管网节能工程的预制绝热管道、绝热材料进场时，应对绝热材料的导热系数或热阻、密度、吸水率等性能进行复验，复验应为见证取样检验。

12.2.2 配电与照明节能工程使用的照明光源、照明灯具及其附属装置等进场时，应对其下列性能进行复验，复验应为见证取样检验：

1 照明光源初始光效；

2 照明灯具镇流器能效值；

3 照明灯具效率；

4 照明设备功率、功率因数和谐波含量值。

12.2.3 低压配电系统使用的电线、电缆进场时，应对其导体电阻值进行复验，复验应为见证取样检验。

15.2.2 太阳能光热系统节能工程采用的集热设备、保温材料进场时，应对其下列性能进行复验，复验应为见证取样检验：

1 集热设备的热性能；

2 保温材料的导热系数或热阻、密度、吸水率。

15.2.6 太阳能光热系统辅助加热设备为电直接加热器时，接地保护必须可靠固定，并应加装防漏电、防干烧等保护装置。

18.0.5 建筑节能分部工程质量验收合格。应符合下列规定：

1 分项工程应全部合格；

2 质量控制资料应完整；

3 外墙节能构造现场实体检验结果应符合设计要求；

4 建筑外窗气密性能现场实体检验结果应符合设计要求；

5 建筑设备系统节能性能检测结果应合格。

二十、《建筑结构加固工程施工质量验收规范》GB 50550—2010

4.1.1 结构加固工程用的水泥进场时应对其品种、级别、包装或散装仓号、出厂日期等进行检查，并应对其强度、安定性及其他必要的性能指标进行见证取样复验。其品种和强度等级必须符

合现行国家标准《混凝土结构加固设计规范》GB 50367 及设计
的规定；其质量必须符合现行国家标准《通用硅酸盐水泥》GB
175 和《快硬硅酸盐水泥》GB 199 等的要求。

加固用混凝土中严禁使用安定性不合格的水泥、含氯化物的
水泥、过期水泥和受潮水泥。

检查数量：按同一生产厂家、同一等级、同一品种、同一批
号且同一次进场的水泥，以 30t 为一批（不足 30t，按 30t 计），
每批见证取样不应少于一次。

检验方法：检查产品合格证、出厂检验报告和进场复验
报告。

4.1.2　普通混凝土中掺用的外加剂（不包括阻锈剂），其质量及
应用技术应符合现行国家标准《混凝土外加剂》GB 8076 及《混
凝土外加剂应用技术规范》GB 50119 的要求。

结构加固用的混凝土不得使用含有氯化物或亚硝酸盐的外加
剂；上部结构加固用的混凝土还不得使用膨胀剂。必要时，应使
用减缩剂。

检查数量：按进场的批次并符合本规范附录 D 的规定。

检验方法：检查产品合格证、出厂检验报告（包括与水泥适
应性检验报告）和进场复验报告。

4.2.1　结构加固用的钢筋，其品种、规格、性能等应符合设计
要求。钢筋进场时，应分别按现行国家标准《钢筋混凝土用钢
第 1 部分：热轧光圆钢筋》GB 1499.1、《钢筋混凝土用钢　第 2
部分：热轧带肋钢筋》GB 1499.2、《钢筋混凝土用余热处理钢
筋》GB/T 13014、《预应力混凝土用钢绞线》GB/T 5224 等的规
定，见证取样作力学性能复验，其质量除必须符合相应标准的要
求外，尚应符合下列规定：

1　对有抗震设防要求的框架结构，其纵向受力钢筋强度检
验实测值应符合现行国家标准《混凝土结构工程施工质量验收规
范》GB 50204 的规定；

2　对受力钢筋，在任何情况下，均不得采用再生钢筋和钢

号不明的钢筋。

检查数量：按进场的批次并符合本规范附录 D 的规定。

检验方法：检查产品合格证、出厂检验报告和进场复验报告。

4.2.2 结构加固用的型钢、钢板及其连接用的紧固件，其品种、规格和性能等应符合设计要求和现行国家标准《碳素结构钢》GB/T 700、《低合金高强度结构钢》GB/T 1591、《紧固件机械性能》GB/T 3098 以及有关产品标准的规定。严禁使用再生钢材以及来源不明的钢材和紧固件。

型钢、钢板和连接用的紧固件进场时，应按现行国家标准《钢结构工程施工质量验收规范》GB 50205 等的规定见证取样作安全性能复验，其质量必须符合设计和合同的要求。

检查数量：按进场的批次，逐批检查，且每批抽取一组试样进行复验。组内试件数量按所执行试验方法标准确定。

检验方法：检查产品合格证、中文标志、出厂检验报告和进场复验报告。

4.2.3 预应力加固专用的钢材进场时，应根据其品种分别按现行国家标准《钢筋混凝土用余热处理钢筋》GB/T 13014、《预应力混凝土用钢丝》GB/T 5223、《预应力混凝土用钢绞线》GB/T 5224 和《碳素结构钢》GB/T 700、《低合金高强度结构钢》GB/T 1591等的规定，见证取样作力学性能复验，其质量必须符合相应标准的规定。

检查数量：按进场批次，逐批检查，且每批抽取一组试样进行复验。组内试件数量按所执行的试验方法标准确定。

检验方法：检查产品合格证、出厂检验报告和进场复验报告。

4.2.5 绕丝用的钢丝进场时，应按现行国家标准《一般用途低碳钢丝》GB/T 343 中关于退火钢丝的力学性能指标进行复验。其复验结果的抗拉强度最低值不应低于 490MPa。

注：若直径 4mm 退火钢丝供应有困难，允许采用低碳冷拔钢丝在现场

退火。但退火后的钢丝抗拉强度值应控制在（490～540）MPa 之间。

检查数量：按进场批号，每批抽取 5 个试样。

检验方法：按现行国家标准《金属材料　室温拉伸试验方法》GB/T 228 规定的方法进行复验，同时，尚应检查其产品合格证和出厂检验报告。

4.2.6 结构加固用的钢丝绳网片应根据设计规定选用高强度不锈钢丝绳或航空用镀锌碳素钢丝绳在工厂预制。制作网片的钢丝绳，其结构形式应为 6×7＋IWS 金属股芯右交互捻小直径不松散钢丝绳（图 4.2.6a），或 1×19 单股左捻钢丝绳（图 4.2.6b）；其钢丝的公称强度不应低于现行国家标准《混凝土结构加固设计规范》GB 50367 的规定值。

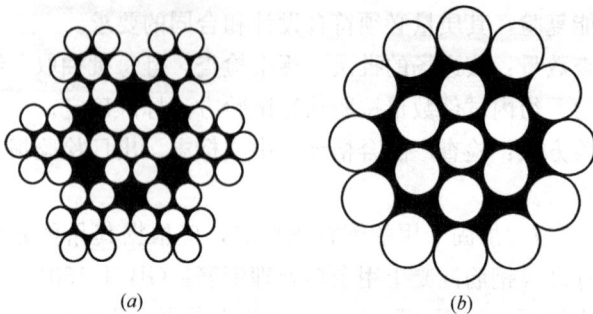

（a）　　　　　　　　　　（b）

图 4.2.6　钢丝绳的结构形式

（a）6×7＋IWS 钢丝绳；（b）1×19 钢绞线（单股钢丝绳）

钢丝绳网片进场时，应分别按现行国家标准《不锈钢丝绳》GB/T 9944 和行业标准《航空用钢丝绳》YB/T 5197 等的规定见证抽取试件作整绳破断拉力、弹性模量和伸长率检验。其质量必须符合上述标准和现行国家标准《混凝土结构加固设计规范》GB 50367 的规定。

检查数量：按进场批次和产品抽样检验方案确定。

检验方法：检查产品质量合格证、出厂检验报告和进场复验报告。

注：单股钢丝绳也称钢绞线（图 4.2.6b），但不得擅自将 6×7＋IWS

金属股芯不松散钢丝绳改称为钢绞线。若施工图上所写名称不符合本规范规定，应要求设计单位和生产厂家书面更正，否则不得付诸施工。

4.3.1 结构加固用的焊接材料，其品种、规格、型号和性能应符合现行国家产品标准和设计要求。焊接材料进场时应按现行国家标准《碳钢焊条》GB/T 5117、《低合金钢焊条》GB/T 5118等的要求进行见证取样复验。复验不合格的焊接材料不得使用。

检查数量：应按产品复验抽样并符合本规范附录 D 的规定。

检查方法：检查产品合格证、中文标志及出厂检验报告和进场复验报告。

4.4.1 加固工程使用的结构胶粘剂，应按工程用量一次进场到位。结构胶粘剂进场时，施工单位应会同监理人员对其品种、级别、批号、包装、中文标志、产品合格证、出厂日期、出厂检验报告等进行检查；同时，应对其钢－钢拉伸抗剪强度、钢－混凝土正拉粘结强度和耐湿热老化性能等三项重要性能指标以及该胶粘剂不挥发物含量进行见证取样复验；对抗震设防烈度为 7 度及7 度以上地区建筑加固用的粘钢和粘贴纤维复合材的结构胶粘剂，尚应进行抗冲击剥离能力的见证取样复验；所有复验结果均须符合现行国家标准《混凝土结构加固设计规范》GB 50367 及本规范的要求。

检验数量：按进场批次，每批号见证取样 3 件，每件每组分称取 500g，并按相同组分予以混匀后送独立检验机构复检。检验时，每一项目每批次的样品制作一组试件。

检验方法：在确认产品批号、包装及中文标志完整的前提下，检查产品合格证、出厂日期、出厂检验报告、进场见证复验报告，以及抗冲击剥离试件破坏后的残件。

4.4.5 加固工程中，严禁使用下列结构胶粘剂产品：

1 过期或出厂日期不明；

2 包装破损、批号涂毁或中文标志、产品使用说明书为复印件；

3 掺有挥发性溶剂或非反应性稀释剂；

4 固化剂主成分不明或固化剂主成分为乙二胺；

5 游离甲醛含量超标；

6 以"植筋—粘钢两用胶"命名。

注：过期胶粘剂不得以厂家出具的"质量保证书"为依据而擅自延长其使用期限。

4.5.1 碳纤维织物（碳纤维布）、碳纤维预成型板（以下简称板材）以及玻璃纤维织物（玻璃纤维布）应按工程用量一次进场到位。纤维材料进场时，施工单位应会同监理人员对其品种、级别、型号、规格、包装、中文标志、产品合格证和出厂检验报告等进行检查，同时尚应对下列重要性能和质量指标进行见证取样复验：

1 纤维复合材的抗拉强度标准值、弹性模量和极限伸长率；

2 纤维织物单位面积质量或预成型板的纤维体积含量；

3 碳纤维织物的 K 数。

若检验中发现该产品尚未与配套的胶粘剂进行过适配性试验，应见证取样送独立检测机构，按本规范附录 E 及附录 N 的要求进行补检。

检查、检验和复验结果必须符合现行国家标准《混凝土结构加固设计规范》GB 50367 的规定及设计要求。

检查数量：按进场批号，每批号见证取样 3 件，从每件中，按每一检验项目各裁取一组试样的用料。

检验方法：在确认产品包装及中文标志完整性的前提下，检查产品合格证、出厂检验报告和进场复验报告；对进口产品还应检查报关单及商检报告所列的批号和技术内容是否与进场检查结果相符。

注：1 纤维复合材抗拉强度应按现行国家标准《定向纤维增强塑料拉伸性能试验方法》GB/T 3354 测定，但其复验的试件数量不得少于 15 个，且应计算其试验结果的平均值、标准差和变异系数，供确定其强度标准值使用；

2 纤维织物单位面积质量应按现行国家标准《增强制品试验方法 第3部分：单位面积质量的测定》GB/T 9914.3进行检测；碳纤维预成型板材的纤维体积含量应按现行国家标准《碳纤维增强塑料体积含量试验方法》GB/T 3366进行检测；

3 碳纤维的 K 数应按本规范附录 M 判定。

4.5.2 结构加固使用的碳纤维，严禁用玄武岩纤维、大丝束碳纤维等替代。结构加固使用的 S 玻璃纤维（高强玻璃纤维）、E 玻璃纤维（无碱玻璃纤维），严禁用 A 玻璃纤维或 C 玻璃纤维替代。

4.7.1 配制结构加固用聚合物砂浆（包括以复合砂浆命名的聚合物砂浆）的原材料，应按工程用量一次进场到位。聚合物原材料进场时，施工单位应会同监理单位对其品种、型号、包装、中文标志、出厂日期、出厂检验合格报告等进行检查，同时尚应对聚合物砂浆体的劈裂抗拉强度、抗折强度及聚合物砂浆与钢粘结的拉伸抗剪强度进行见证取样复验。其检查和复验结果必须符合现行国家标准《混凝土结构加固设计规范》GB 50367的规定。

检查数量：按进场批号，每批号见证抽样3件，每件每组分称取500g，并按同组分予以混合后送独立检测机构复验。检验时，每一项目每批号的样品制作一组试件。

检验方法：在确认产品包装及中文标志完整性的前提下，检查产品合格证、出厂日期、出厂检验合格报告和进场复验报告。

注：聚合物砂浆体的劈裂抗拉强度、抗折强度及聚合物砂浆拉伸抗剪强度应分别按本规范附录 P、附录 Q 及附录 R 规定的方法进行测定。

4.9.2 结构界面胶（剂）应一次进场到位。进场时，应对其品种、型号、批号、包装、中文标志、出厂日期、产品合格证、出厂检验报告等进行检查，并应对下列项目进行见证抽样复验：

1 与混凝土的正拉粘结强度及其破坏形式；

2 剪切粘结强度及其破坏形式；

3 耐湿热老化性能现场快速复验。

复验结果必须分别符合本规范附录 E、附录 S 及附录 J 的规定。

注：结构界面胶（剂）耐湿热老化快速复验，应采用本规范附录 S 规定的剪切试件进行试验与评定。

检查数量：按进场批次，每批见证抽取 3 件；从每件中取出一定数量界面胶（剂）经混匀后，为每一复验项目制作 5 个试件进行复验。

检验方法：在确认产品包装及中文标志完整的前提下，检查产品合格证、出厂检验报告和进场复验报告。

4.11.1　结构加固用锚栓应采用自扩底锚栓、模扩底锚栓或特殊倒锥形锚栓，且应按工程用量一次进场到位。进场时，应对其品种、型号、规格、中文标志和包装、出厂检验合格报告等进行检查，并应对锚栓钢材受拉性能指标进行见证抽样复验，其复验结果必须符合现行国家标准《混凝土结构加固设计规范》GB 50367 的规定。

对地震设防区，除应按上述规定进行检查和复验外，尚应复查该批锚栓是否属地震区适用的锚栓。复查应符合下列要求：

1　对国内产品，应具有独立检验机构出具的符合行业标准《混凝土用膨胀型、扩孔型建筑锚栓》JG 160—2004 附录 F 规定的专项试验验证合格的证书；

2　对进口产品，应具有该国或国际认证机构检验结果出具的地震区适用的认证证书。

检查数量：按同一规格包装箱数为一检验批，随机抽取 3 箱（不足 3 箱应全取）的锚栓，经混合均匀后，从中见证抽取 5％，且不少于 5 个进行复验；若复验结果仅有一个不合格，允许加倍取样复验；若仍有不合格者，则该批产品应评为不合格产品。

检验方法：在确认锚栓产品包装及中文标志完整性的条件下，检查产品合格证、出厂检验报告和进场见证复验报告；对扩底刀具，还应检查其真伪；对地震设防区，尚应检查其认证或验证证书。

5.3.2 新增混凝土的强度等级必须符合设计要求。用于检查结构构件新增混凝土强度的试块，应在监理工程师见证下，在混凝土的浇筑地点随机抽取。取样与留置试块应符合下列规定：

1 每拌制 50 盘（不足 50 盘，按 50 盘计）同一配合比的混凝土，取样不得少于一次；

2 每次取样应至少留置一组标准养护试块；同条件养护试块的留置组数应根据混凝土工程量及其重要性确定，且不应少于 3 组。

检验方法：检查施工记录及试块强度试验报告。

5.4.2 新增混凝土的浇筑质量不应有严重缺陷及影响结构性能和使用功能的尺寸偏差。

对已经出现的严重缺陷及影响结构性能和使用功能的尺寸偏差，应由施工单位提出技术处理方案，经监理（业主）和设计单位共同认可后予以实施。对经处理的部位应重新检查、验收。

检查数量：全数检查。

检验方法：观察、测量或超声法检测，并检查技术处理方案和返修记录。

6.5.1 新置换混凝土的浇筑质量不应有严重缺陷及影响结构性能或使用功能的尺寸偏差。

对已经出现的严重缺陷和影响结构性能或使用功能的尺寸偏差，应由施工单位提出技术处理方案，经设计和监理单位认可后进行处理。处理后应重新检查验收。

检查数量：全数检查。

检验方法：观察、超声法检测、检查技术处理方案及返修记录。

8.2.1 预应力拉杆（或撑杆）制作和安装时，必须复查其品种、级别、规格、数量和安装位置。复查结果必须符合设计要求。

检查数量：全数检查。

检验方法：制作前按进场验收记录核对实物；检查安装位置

和数量。

10.4.2 加固材料（包括纤维复合材）与基材混凝土的正拉粘结强度，必须进行见证抽样检验。其检验结果应符合表 10.4.2 合格指标的要求。若不合格，应揭去重贴，并重新检查验收。

11.4.2 钢板与原构件混凝土间的正拉粘结强度应符合本规范第 10.4.2 条规定的合格指标的要求。若不合格，应揭去重贴，并重新检查验收。

检查数量及检验方法应按本规范附录 U 的规定执行。

表 10.4.2 现场检验加固材料与混凝土
正拉粘结强度的合格指标

检验项目	原构件实测混凝土强度等级	检验合格指标		检验方法
正拉粘结强度及其破坏形式	C15～C20	≥1.5MPa	且为混凝土内聚破坏	本规范附录 U
	≥C45	≥2.5MPa		

注：1 加固前应按本规范附录 T 的规定，对原构件混凝土强度等级进行现场检测与推定；

2 若检测结果介于 C20～C45 之间，允许按换算的强度等级以线性插值法确定其合格指标；

3 检查数量：应按本规范附录 U 的取样规则确定；

4 本表给出的是单个试件的合格指标。检验批质量的合格评定，应按本规范附录 U 的合格评定标准进行。

12.4.1 聚合物砂浆的强度等级必须符合设计要求。用于检查钢丝绳网片外加聚合物砂浆面层抗压强度的试块，应会同监理人员在拌制砂浆的出料口随机取样制作。其取样数量与试块留置应符合下列规定：

1 同一工程每一楼层（或单层），每喷抹 500m² （不足 500m²，按 500m² 计）砂浆面层所需的同一强度等级的砂浆，其取样次数应不少于一次。若搅拌机不止一台，应按台数分别确定每台取样次数。

2 每次取样应至少留置一组标准养护试块；与面层砂浆同

条件养护的试块，其留置组数应根据实际需要确定。

检验方法：检查施工记录及试块强度的试验报告。

12.5.1 聚合物砂浆面层的外观质量不应有严重缺陷及影响结构性能和使用功能的尺寸偏差。严重缺陷的检查与评定应按表12.5.1进行；尺寸偏差的检查与评定应按设计单位在施工图上对重要尺寸允许偏差所作的规定进行。

对已经出现的严重缺陷及影响结构性能和使用功能的尺寸偏差，应由施工单位提出技术处理方案，经业主（监理）和设计单位共同认可后予以实施。对经处理的部位应重新检查、验收。

检查数量：全数检查。

检验方法：观察，当检查缺陷的深度时应凿开检查或超声探测，并检查技术处理方案及返修记录。

表 12.5.1 聚合物砂浆面层外观质量缺陷

名　称	现　象	严重缺陷	一般缺陷
露绳（或露筋）	钢丝绳网片（或钢筋网）未被砂浆包裹而外露	受力钢丝绳（或受力钢筋）外露	按构造要求设置的钢丝绳（或钢筋）有少量外露
疏松	砂浆局部不密实	构件主要受力部位有疏松	其他部位有少量疏松
夹杂异物	砂浆中夹有异物	构件主要受力部位夹有异物	其他部位夹有少量异物
孔洞	砂浆中存在深度和长度均超过砂浆保护层厚度的孔洞	构件主要受力部位有孔洞	其他部位有少量孔洞
硬化（或固化）不良	水泥或聚合物失效，致使面层不硬化（或不固化）	任何部位不硬化（或不固化）	（不属一般缺陷）
裂缝	缝隙从砂浆表面延伸至内部	构件主要受力部位有影响结构性能或使用功能的裂缝	仅有表面细裂纹

续表12.5.1

名　称	现　象	严重缺陷	一般缺陷
连接部位缺陷	构件端部连接处砂浆层分离或锚固件与砂浆层之间松动、脱落	连接部位有影响结构传力性能的缺陷	连接部位有轻微影响或不影响传力性能的缺陷
表观缺陷	表面不平整、缺棱掉角、翘曲不齐、麻面、掉皮	有影响使用功能的缺陷	仅有影响观感的缺陷

注：复合水泥砂浆及普通水泥砂浆面层的喷抹质量缺陷也可按本表进行检查与评定。

12.5.3　聚合物砂浆面层与原构件混凝土间的正拉粘结强度，应符合本规范表10.4.2规定的合格指标的要求。若不合格，应揭去重做，并重新检查、验收。

检查数量、检验方法及评定标准应按本规范附录U的规定执行。

13.3.6　砌体或混凝土构件外加钢筋网采用普通砂浆或复合砂浆面层时，其强度等级必须符合设计要求。用于检查砂浆强度的试块，应按本规范第12.4.1条的规定进行取样和留置，并应按该条规定的检查数量及检验方法执行。

13.4.1　砌体或混凝土构件外加钢筋网的砂浆面层，其浇筑或喷抹的外观质量不应有严重缺陷。对硬化后砂浆面层的严重缺陷应按本规范表12.5.1进行检查和评定。对已出现者应由施工单位提出处理方案，经业主（监理单位）和设计单位共同认可后进行处理并应重新检查、验收。

检查数量：全数检查。

检验方法：观察，检查技术处理方案及施工记录。

13.4.3　砂浆面层与基材之间的正拉粘结强度，必须进行见证取样检验。其检验结果，对混凝土基材应符合本规范表10.4.2的要求；对砌体基材应符合本规范表13.4.3的要求。

表 13.4.3 现场检验加固材料与砌体

正拉粘结强度的合格指标

检验项目	烧结普通砖或混凝土砌块强度等级	28d 检验合格指标		正常破坏形式	检验方法
		普通砂浆（≥M15）	聚合物砂浆或复合砂浆		
正拉粘结强度及其破坏形式	MU10~MU15	≥0.6MPa	≥1.0MPa	砖或砌块内聚破坏	本规范附录 U
	≥MU20	≥1.0MPa	≥1.3MPa		

注：1 加固前应通过现场检测，对砖或砌块的强度等级予以确认；

　　2 当为旧标号块材，且符合原规范规定时，仅要求检验结果为块材内聚破坏。

15.1.5 负荷状态下钢构件增大截面工程，应要求由具有相应技术等级资质的专业单位进行施工；其焊接作业必须由取得相应位置施焊的焊接合格证且经过现场考核合格的焊工施焊。

15.4.1 在负荷下进行钢结构加固时，必须制定详细的施工技术方案，并采取有效的安全措施，防止被加固钢构件的结构性能受到焊接加热、补加钻孔、扩孔等作业的损害。

15.5.1 设计要求全焊透的一、二级焊缝应采用超声波探伤进行内部缺陷的检验；超声波探伤不能对缺陷作出判断时，应采用射线探伤。探伤时，其内部缺陷分级应符合现行国家标准《钢焊缝手工超声波探伤方法和探伤结果分级》GB 11345 和《金属熔化焊焊接接头射线照相》GB/T 3323 的规定。

　　检查数量：全数检查。

　　检验方法：超声波探伤；必要时，采用射线探伤；检查探伤记录。

二十一、《铝合金结构工程施工质量验收规范》GB 50576—2010

14.4.1 当铝合金材料与不锈钢以外的其他金属材料或含酸性、碱性的非金属材料接触、紧固时，应采用隔离材料。

14.4.2 隔离材料严禁与铝合金材料及相接触的其他金属材料产

生电偶腐蚀。

二十二、《洁净室施工及验收规范》GB 50591—2010

4.6.11　产生化学、放射、微生物等有害气溶胶或易燃、易爆场合的观察窗，应采用不易破碎爆裂的材料制作。

5.5.6　在回、排风口上安有高效过滤器的洁净室及生物安全柜等装备，在安装前应用现场检漏装置对高效过滤器扫描检漏，并应确认无漏后安装。回、排风口安装后，对非零泄漏边框密封结构，应再对其边框扫描检漏，并应确认无漏；当无法对边框扫描检漏时，必须进行生物学等专门评价。

5.5.7　当在回、排风口上安装动态气流密封排风装置时，应将正压接管与接嘴牢靠连接，压差表应安装于排风装置近旁目测高度处。排风装置中的高效过滤器应在装置外进行扫描检漏，并应确认无漏后再安入装置。

5.5.8　当回、排风口通过的空气含有高危险性生物气溶胶时，在改建洁净室拆装其回、排风过滤器前必须对风口进行消毒，工作人员人身应有防护措施。

5.6.7　用于以过滤生物气溶胶为主要目的、5 级或 5 级以上洁净室或者有专门要求的送风末端高效过滤器或其末端装置安装后，应逐台进行现场扫描检漏，并应合格。

6.3.7　医用气体管道安装后应加色标。不同气体管道上的接口应专用，不得通风。

6.4.1　可燃气体和高纯气体等特殊气体阀门安装前应逐个进行强度和严密性试验。管路系统安装完毕后应对系统进行强度试验。强度试验应采用气压试验，并应采取严格的安全措施，不得采用水压试验。当管道的设计压力大于 0.6MPa 时，应按设计文件规定进行气压试验。

11.4.3　生物安全柜安装就位之后，连接排风管道之前，应对高效过滤器安装边框及整个滤芯面扫描检漏。当为零泄漏排风装置时，应对滤芯面检漏。

二十三、《建筑物防雷工程施工与质量验收规范》GB 50601—2010

3.2.3 除设计要求外，兼做引下线的承力钢结构构件、混凝土梁、柱内钢筋与钢筋的连接，应采用土建施工的绑扎法或螺丝扣的机械连接，严禁热加工连接。

5.1.1 主控项目应符合下列规定：

3 建筑物外的引下线敷设在人员可停留或经过的区域时，应采用下列一种或多种方法，防止接触电压和旁侧闪络电压对人员造成伤害：

    1) 外露引下线在高 2.7m 以下部分应穿不小于 3mm 厚的交联聚乙烯管，交联聚乙烯管应能耐受 100kV 冲击电压（1.2/50μs 波形）。

    2) 应设立阻止人员进入的护栏或警示牌。护栏与引下线水平距离不应小于 3m。

6 引下线安装与易燃材料的墙壁或墙体保温层间距应大于 0.1m。

6.1.1 主控项目应符合下列规定：

1 建筑物顶部和外墙上的接闪器必须与建筑物栏杆、旗杆、吊车梁、管道、设备、太阳能热水器、门窗、幕墙支架等外露的金属物进行等电位连接。

二十四、《建筑电气照明装置施工与验收规范》GB 50617—2010

3.0.6 在砌体和混凝土结构上严禁使用木楔、尼龙塞或塑料塞安装固定电气照明装置。

4.1.12 Ⅰ类灯具的不带电的外露可导电部分必须与保护接地线（PE）可靠连接，且应有标识。

4.1.15 质量大于 10kg 的灯具，其固定装置应按 5 倍灯具重量的恒定均布载荷全数作强度试验，历时 15min，固定装置的部件应无明显变形。

4.3.3 建筑物景观照明灯具安装应符合下列规定：

1 在人行道等人员来往密集场所安装的灯具,无围栏防护时灯具底部距地面高度应在 2.5m 以上;

2 灯具及其金属构架和金属保护管与保护接地线(PE)应连接可靠,且有标识;

3 灯具的节能分级应符合设计要求。

5.1.2 插座的接线应符合下列规定:

1 单相两孔插座,面对插座,右孔或上孔应与相线连接,左孔或下孔应与中性线连接;单相三孔插座,面对插座,右孔应与相线连接,左孔应与中性线连接;

2 单相三孔、三相四孔及三相五孔插座的保护接地线(PE)必须接在上孔。插座的保护接地端子不应与中性线端子连接。同一场所的三相插座,接线的相序应一致;

3 保护接地线(PE)在插座间不得串联连接。

7.2.1 当有照度和功率密度测试要求时,应在无外界光源的情况下,测量并记录被检测区域内的平均照度和功率密度值,每种功能区域检测不少于 2 处。

1 照度值不得小于设计值;

2 功率密度值应符合现行国家标准《建筑照明设计标准》GB 50034 的规定或设计要求。

二十五、《钢管混凝土工程施工质量验收规范》GB 50628—2010

3.0.4 钢管、钢板、钢筋、连接材料、焊接材料及钢管混凝土的材料应符合设计要求和国家现行有关标准的规定。

3.0.6 焊工必须经考试合格并取得合格证书,持证焊工必须在其考试合格项目及合格证规定的范围内施焊。

3.0.7 设计要求全焊透的一、二级焊缝应采用超声波探伤进行焊缝内部缺陷检验,超声波探伤不能对缺陷作出判断时,应采用射线探伤检验。其内部缺陷分级及探伤应符合现行国家标准《钢焊缝手工超声波探伤方法和探伤结果分级》GB 11345、《金属熔化焊焊接接头射线照相》GB/T 3323 的有关规定。一、二级焊缝的质量等级及缺陷分级应符合表 3.0.7 的规定。

表 3.0.7 一、二级焊缝质量等级及缺陷分级

焊缝质量等级		一级	二级
内部缺陷超声波探伤	评定等级	Ⅱ	Ⅲ
	检验等级	B 级	B 级
	探伤比例	100%	20%
内部缺陷射线探伤	评定等级	Ⅱ	Ⅲ
	检验等级	AB 级	AB 级
	探伤比例	100%	20%

注：探伤比例的计数方法应按以下原则：
(1) 对工厂制作焊缝，应按每条焊缝计算百分比，且探伤长度不应小于 200mm，当焊缝长度不足 200mm 时，应对整条焊缝进行探伤；
(2) 对现场安装焊缝，应按同一类型、同一施焊条件的焊缝条数计算百分比，探伤长度不应小于 200mm，并不应少于 1 条焊缝。

4.5.1 钢管混凝土柱和钢筋混凝土梁连接节点核心区的构造及钢筋的规格、位置、数量应符合设计要求。

4.7.1 钢管内混凝土的强度等级应符合设计要求。

二十六、《无障碍设施施工验收及维护规范》GB 50642—2011

3.1.12 安全抓杆预埋件应进行验收。

3.1.14 通过返修或加固处理仍不能满足安全和使用要求的无障碍设施分项工程，不得验收。

3.14.8 厕所和厕位的安全抓杆应安装牢固，支撑力应符合设计要求。

3.15.8 浴室的安全抓杆应安装坚固，支撑力应符合设计要求。

二十七、《钢筋混凝土筒仓施工与质量验收规范》GB 50669—2011

3.0.4 筒仓工程所用的材料、半成品、成品应有产品合格证和

检验报告，其品种规格、技术指标和质量等级应符合设计要求和相关标准的规定。用于筒仓工程的材料、构配件必须进行现场验收，混凝土原材料、钢筋及连接件、预应力筋及锚夹具、连接器、钢结构钢材、防水材料、保温材料等应在现场抽取试样进行复试检验。

3.0.5 存放谷物及其他食品的筒仓，仓壁及内涂层应严格选用符合设计和卫生要求的产品。

5.2.1 筒体水平钢筋的品种、规格、间距及连接方式必须满足设计要求。

5.4.3 滑模工艺施工，应在现场操作面随机抽取试样检查混凝土出模强度，每一工作班不少于一次；气温有骤变或混凝土配合比有调整时，应相应增加检查次数。

5.4.8 筒体结构的混凝土取样和试件留置应符合国家现行标准《混凝土结构工程施工质量验收规范》GB 50204 和《建筑工程冬期施工规程》JGJ 104 的有关规定。当工程设计有耐久性指标要求时，应按不同配合比留置混凝土耐久性检验试件。

5.5.1 预应力筋的品种、级别、规格、数量必须符合设计要求。

5.6.2 筒仓内衬材料的品种、规格必须符合设计要求，筒仓内衬材料以及耐磨层的粘结材料、安装紧固件等应分批进行现场验收。

8.0.3 筒仓工程的避雷引下线应在筒体外敷设，严禁利用其竖向受力钢筋作为避雷线。

11.2.2 工程耐久性必须符合设计要求。

二十八、《传染病医院建筑施工及验收规范》GB 50686—2011

5.3.6 负压隔离病房应符合下列规定：

1 给水管道应设置倒流防止器。

2 排水立管不应在负压隔离病房内设置检查口或清扫口。

3 排水管道的通气管口应高出屋面不小于2m，通气管口周边应通风良好，并应远离一切进气口。

6.3.9 负压隔离病房应符合下列规定：

1 排风机应与送风机连锁，排风机先于送风机开启，后于送风机关闭。

2 排风高效过滤器的安装应具备现场检漏的条件；否则，应采用经预先检漏的专用排风高效过滤装置。

3 排风口应高出屋面不小于2m，排风口处应安装防护网和防雨罩。

7.2.4 当出现紧急情况时，所有设置互锁功能的门都必须能处于可开启状态。

7.2.5 负压手术室及负压隔离病房的空调设备监控应具有监视手术室及负压隔离病房与相邻室压差的功能，当压差失调时应能声光报警。

7.3.5 IT接地系统中包括中性导体在内的任何带电部分严禁直接接地。IT接地系统的电源对地应保持良好的绝缘状态。

7.4.1 通风空调系统的电加热器应与送风机连锁，并应设无风断电、超温断电保护及报警装置。严寒地区、寒冷地区新风系统应设置防冻保护措施。

8.2.3 麻醉废气排放系统、负压吸引系统应安装性能符合设计要求的过滤除菌器。

8.2.4 传染病医院中心供氧气源应设中断供氧的报警装置，空气压缩机、负压吸引泵的备用机组应能自动切换。

9.1.1 传染病医院建筑消防用电设备应采用专用回路供电，并应设应急电源，火灾时应急电源应能自动切换。

9.2.1 防排烟系统风管、风口、风阀及支吊架的材料、密封材料应为不燃材料。

9.2.3 传染病医院建筑消防水泵备用泵的工作能力不应小于其中最大一台消防工作泵的工作能力。

9.2.4 污染区和半污染区的排烟口应采用常闭排烟口。

9.2.5 应急照明灯具和疏散标志的备用电源连续供电时间不应小于30min。

二十九、《钢筋焊接及验收规程》JGJ 18—2012

3.0.6 施焊的各种钢筋、钢板均应有质量证明书；焊条、焊丝、氧气、溶解乙炔、液化石油气、二氧化碳气体、焊剂应有产品合格证。

钢筋进场时，应按国家现行相关标准的规定抽取试件并作力学性能和重量偏差检验，结果必须符合国家现行有关标准的规定。

检验数量：按进场的批次和产品的抽样检验方案确定。

检验方法：检查产品合格证、出厂检验报告和进场复验报告。

4.1.3 在钢筋工程焊接开工之前，参与该项工程施焊的焊工必须进行现场条件下的焊接工艺试验，应经试验合格后，方准于焊接生产。

5.1.7 钢筋闪光对焊接头、电弧焊接头、电渣压力焊接头、气压焊接头、箍筋闪光对焊接头、预埋件钢筋 T 形接头的拉伸试验，应从每一检验批接头中随机切取三个接头进行试验并应按下列规定对试验结果进行评定：

1 符合下列条件之一，应评定该检验批接头拉伸试验合格：

    1）3 个试件均断于钢筋母材，呈延性断裂，其抗拉强度大于或等于钢筋母材抗拉强度标准值。

    2）2 个试件断于钢筋母材，呈延性断裂，其抗拉强度大于或等于钢筋母材抗拉强度标准值；另一试件断于焊缝，呈脆性断裂，其抗拉强度大于或等于钢筋母材抗拉强度标准值的 1.0 倍。

注：试件断于热影响区，呈延性断裂，应视作与断于钢筋母材等同；试件断于热影响区，呈脆性断裂，应视作与断于焊缝等同。

2 符合下列条件之一，应进行复验：

    1）2 个试件断于钢筋母材，呈延性断裂，其抗拉强度大于或等于钢筋母材抗拉强度标准值；另一试件断于焊缝，或热影响区，呈脆性断裂，其抗拉强度小于钢筋母材抗拉强度标准值的 1.0 倍。

2）1 个试件断于钢筋母材，呈延性断裂，其抗拉强度大于或等于钢筋母材抗拉强度标准值；另 2 个试件断于焊缝或热影响区，呈脆性断裂。

3 3 个试件均断于焊缝，呈脆性断裂，其抗拉强度均大于或等于钢筋母材抗拉强度标准值的 1.0 倍，应进行复验。当 3 个试件中有 1 个试件抗拉强度小于钢筋母材抗拉强度标准值的 1.0 倍，应评定该检验批接头拉伸试验不合格。

4 复验时，应切取 6 个试件进行试验。试验结果，若有 4 个或 4 个以上试件断于钢筋母材，呈延性断裂，其抗拉强度大于或等于钢筋母材抗拉强度标准值，另 2 个或 2 个以下试件断于焊缝，呈脆性断裂，其抗拉强度大于或等于钢筋母材抗拉强度标准值的 1.0 倍，应评定该检验批接头拉伸试验复验合格。

5 可焊接余热处理钢筋 RRB400W 焊接接头拉伸试验结果，其抗拉强度应符合同级别热轧带肋钢筋抗拉强度标准值 540MPa 的规定。

6 预埋件钢筋 T 形接头拉伸试验结果，3 个试件的抗拉强度均大于或等于表 5.1.7 的规定值时，应评定该检验批接头拉伸试验合格。若有 1 个接头试件抗拉强度小于表 5.1.7 的规定值时，应进行复验。

复验时，应切取 6 个试件进行试验。复验结果，其抗拉强度均大于或等于表 5.1.7 的规定值时，应评定该检验批接头拉伸试验复验合格。

表 5.1.7 预埋件钢筋 T 形接头抗拉强度规定值

钢筋牌号	抗拉强度规定值（MPa）
HPB300	400
HRB335、HRBF335	435

续表5.1.7

钢筋牌号	抗拉强度规定值（MPa）
HRB400、HRBF400	520
HRB500、HRBF500	610
RRB400W	520

5.1.8 钢筋闪光对焊接头、气压焊接头进行弯曲试验时，应从每一个检验批接头中随机切取3个接头，焊缝应处于弯曲中心点，弯心直径和弯曲角度应符合表5.1.8的规定。

表5.1.8 接头弯曲试验指标

钢筋牌号	弯心直径	弯曲角度（°）
HPB300	2d	90
HRB335、HRBF335	4d	90
HRB400、HRBF400、RRB400W	5d	90
HRB500、HRBF500	7d	90

注：1 d为钢筋直径（mm）；

　　2 直径大于25mm的钢筋焊接接头，弯心直径应增加1倍钢筋直径。

弯曲试验结果应按下列规定进行评定：

1 当试验结果，弯曲至90°，有2个或3个试件外侧（含焊缝和热影响区）未发生宽度达到0.5mm的裂纹，应评定该检验批接头弯曲试验合格。

2 当有2个试件发生宽度达到0.5mm的裂纹，应进行复验。

3 当有3个试件发生宽度达到0.5mm的裂纹，应评定该检验批接头弯曲试验不合格。

4 复验时，应切取6个试件进行试验。复验结果，当不超过2个试件发生宽度达到0.5mm的裂纹时，应评定该检验批接头弯曲试验复验合格。

6.0.1 从事钢筋焊接施工的焊工必须持有钢筋焊工考试合格证，

并应按照合格证规定的范围上岗操作。

7.0.4　焊接作业区防火安全应符合下列规定：

　　1　焊接作业区和焊机周围 6m 以内，严禁堆放装饰材料、油料、木材、氧气瓶、溶解乙炔气瓶、液化石油气瓶等易燃、易爆物品；

　　2　除必须在施工工作面焊接外，钢筋应在专门搭设的防雨、防潮、防晒的工房内焊接；工房的屋顶应有安全防护和排水设施，地面应干燥，应有防止飞溅的金属火花伤人的设施；

　　3　高空作业的下方和焊接火星所及范围内，必须彻底清除易燃、易爆物品；

　　4　焊接作业区应配置足够的灭火设备，如水池、沙箱、水龙带、消火栓、手提灭火器。

三十、《直线电机轨道交通施工及验收规范》CJJ 201—2013

4.3.4　受流器、集电靴和混凝土结构体、车体之间的最小净距，应符合表 4.3.4 的规定。

表 4.3.4　受流器、集电靴和混凝土结构体、车体之间的最小净距

标称电压（V）	最小净距（mm）		
	静态	动态	绝对最小动态
直流－750	25	25	25
直流－1500	150	100	60

12.3.1　感应板顶面高程应符合设计要求，允许偏差应为 －2mm～1mm。

12.3.3　固定式感应板的扣件螺栓扭力矩应达到 220N·m。

三十一、《土方与爆破工程施工及验收规范》GB 50201—2012

4.1.8　基坑、管沟边沿及边坡等危险地段施工时，应设置安全护栏和明显警示标志。夜间施工时，现场照明条件应满足施工需要。

4.5.4 土方回填应填筑压实，且压实系数应满足设计要求。当采用分层回填时，应在下层的压实系数经试验合格后，才能进行上层施工。

5.1.12 爆破作业人员应按爆破设计进行装药，当需调整时，应征得现场技术负责人员同意并作好变更记录。在装药和填塞过程中，应保护好爆破网线；当发生装药阻塞，严禁用金属杆（管）捣捅药包。爆前应进行网路检查，在确认无误的情况下再起爆。

5.2.10 起爆后应立即切断电源，并将主线短路。使用瞬发电雷管起爆时应在切断电源后再保持短路 5min 后再进入现场检查；采用延期电雷管时，应在切断电源后再保持短路 15min 后进入现场检查。

5.4.8 拆除爆破施工前，应调查了解被拆物的结构性能，查明附近建（构）筑物种类、各种管线和其他设施的分布状况和安全要求等情况。地下管网及设施，应做好记录并绘制相关位置关系图。

三十二、《烟囱工程施工及验收规范》GB 50078—2008

3.0.8 经返修或加固处理仍不能满足烟囱安全使用要求的分部工程和单位工程，严禁验收。

3.0.9 烟囱工程所用的材料应有产品合格证书或产品性能检测报告。水泥、砂石、钢筋、外加剂、耐酸材料等尚应有材料主要性能的复验报告。钢材的复检应符合现行国家标准《钢结构工程施工质量验收规范》GB 50205 的有关规定。

4.1.3 天然地基基底表面应平整，严禁采用填土的方法找平基坑底面。

6.1.4 采用滑动模板工艺施工时，混凝土在脱模后不应坍落，不应拉裂。其脱模强度不得低于 0.2MPa。

6.1.5 采用电动（液压）提模工艺施工时，受力层混凝土的强度值应根据平台荷载经过计算确定，低于该值时不得提升平台。

6.3.1 模板及其支撑结构必须满足承载能力、刚度和稳定性的要求。

8.1.2 当烟囱平台作为吊装平台时，烟囱平台应进行承载能力、变形和稳定性验算。

11.0.5 避雷器安装完成后，应检查接地电阻，接地电阻的数值应符合设计要求。

13.0.5 工作台周围应设置围栏和安全网，内外吊梯的外侧和底部以及工作台底部均应设置安全网。

钢管竖井架人行出入口的四周应设置金属保护网。

13.0.11 采用电动（液压）提模或滑动模板工艺施工时，提模或滑升前应做 1.25 倍的满负荷静载试验和 1.1 倍的满负荷滑升试验。

三十三、《外墙饰面砖工程施工及验收规程》JGJ 126—2015

4.0.4 外墙饰面砖伸缩缝应采用耐候密封胶嵌缝。

4.0.8 窗台、檐口、装饰线等墙面凹凸部位应采用防水和排水构造。

5.1.4 现场粘贴外墙饰面砖所用材料和施工工艺必须与施工前粘结强度检验合格的饰面砖样板相同。

三十四、《防静电工程施工与质量验收规范》GB 50944—2013

3.0.7 防静电工程施工不得损害建筑物的结构安全。

12.1.3 施工环境应符合下列要求：

　　1 施工场地严禁易燃易爆物进入。

12.1.4 易燃易爆的场所应选用防爆型静电消除装置。

12.1.5 放射性静电消除装置的放射物质必须存放在专用的铅罐内，并有专人负责保管。

13.2.4 涉及人身安全的防静电接地必须采取软接地措施。

三十五、《工业炉砌筑工程施工与验收规范》GB 50211—2014

3.2.44　拱胎及其支柱所用材料应满足支撑强度要求。

3.2.65　拆除拱顶的拱胎，必须在锁砖全部打紧、拱脚处的凹沟砌筑完毕，以及骨架拉杆的螺母最终拧紧之后进行。

4.1.6　模板安装应尺寸准确、稳固，模板接缝应严密，施工过程中模板不得产生变形、位移、漏浆，且应采取防粘措施。捣打时，连接件、加固件不得脱开。

4.3.10　承重模板应在耐火浇注料达到设计强度的70%以上后拆除。热硬性耐火浇注料应烘烤到指定温度之后拆模。

4.4.13　炉顶合门处模板必须在施工完毕经自然养护24h之后拆除。用热硬性耐火可塑料捣打的孔洞，其拱胎应在烘炉前拆除。

6.3.11　砌筑砖格子以前，必须检查炉箅子和支柱。用拉线法检查时，炉箅子上表面的表面平整偏差应为0~5mm。炉箅子格孔中心线与设计位置的允许偏差应为0~3mm。

7.1.9　所有砖缝均应耐火泥浆饱满和严密。无法用挤浆法砌筑的砖，其垂直缝的耐火泥浆饱满度不应小于95%。砌筑过程中必须勾缝，隐蔽缝应在砌筑上一层砖以前勾好，墙面砖缝必须在砌砖的当班勾好。蓄热室和炭化室的墙面砖缝应在最终清扫后进行复查，对不饱满的砖缝应予以补勾。

7.1.39　炭化室跨顶砖除长度方向的端面外，其他面均不得加工。跨顶砖的工作面不得有横向裂纹。

7.1.53　同一炭化室的机、焦侧干燥床和封墙不得同时拆除。

8.1.2　砌筑前应固定转动装置，其电源必须切断。

8.2.11　活炉底与炉身的接缝处的施工必须符合下列规定：

　1　活炉底水平接缝处，里（靠工作面）、外（靠炉壳）应用稠的镁质耐火泥浆，中间应用与炉衬材质相应的材料铺填平整均匀。

　2　炉身必须放正，炉底必须放平，必须试装加压，经检查合格后，才可正式上炉底。

3 安装活炉底时，应将炉底和炉身顶紧，接缝时必须将所有的销钉敲紧，并应将销钉焊接牢固。

4 活炉底垂直接缝时，在炉底对接完后，必须将接缝内的填料捣实。

5 接缝料未硬化前，炉体不得倾动。

9.2.7 步进式、推钢式连续加热炉砌筑之前，其水冷梁系统必须做水压试验和试通水。步进式加热炉的步进梁系统应做试运转。

10.8.10 炉口的双反拱砖应湿砌且砖缝厚度不应超过1mm。当第二层反拱砖需要加工时，不得加工其砖中腰部的拐角部位。

12.3.7 砌完的炉盖应采用专门的吊架搬运。搬运时，炉盖应受力均匀，砌体不得松动。

13.3.9 熔化部和冷却部窑拱砌筑完毕后，应逐步并均匀对称地拧紧各对立柱间拉杆的螺母。用于检查拱顶中间和两肋上升、下沉的标志，应先行设置。必须在窑拱脱离开拱胎，并应经过检查未发现下沉、变形和局部下陷时拆除拱胎。

20.0.4 工业炉投产前，必须烘炉。烘炉前，必须先烘烟囱和烟道。

21.1.7 起重设备、机械设备和电器设备必须由专人操作，并应设专人检查和维护。

三十六、《自动化仪表工程施工及质量验收规范》GB 50093—2013

3.5.10 质量检验不合格时，应及时处理，经处理后的工程应按下列规定进行验收：

3 返修后仍不能满足安全使用要求，严禁验收。

5.1.3 在设备或管道上安装取源部件的开孔和焊接工作，必须在设备或管道的防腐、衬里和压力试验前进行。

6.1.14 核辐射式仪表安装前应编制具体的安装方案，安装中的安全防护措施应符合国家现行有关放射性同位素工作卫生防护标准的规定。在安装现场应有明显的警戒标识。

6.5.1 节流件的安装应符合下列要求：

    3 流件必须在管道吹洗后安装。

7.1.6 当线路周围环境温度超过 65℃时，应采取隔热措施。当线路附近有火源时，应采取防火措施。

7.1.15 测量电缆电线的绝缘电阻时，必须将已连接上的仪表设备及部件断开。

8.1.4 仪表管道埋地敷设时，必须经试压合格和防腐处理后再埋入。直接埋地的管道连接时必须采用焊接，并应在穿过道路、沟道及进出地面处设置保护套管。

8.2.8 低温管及合金管下料切断后，必须移植原有标识。薄壁管、低温管及钛管，严禁使用钢印做标识。

8.6.2 当仪表管道引入安装在有爆炸和火灾危险、有毒、有害及有腐蚀性物质环境的仪表盘、柜、箱时，其管道引入孔处应密封。

8.7.8 测量和输送易燃易爆、有毒、有害介质的仪表管道，必须进行管道压力试验和泄漏性试验。

8.7.10 当采用气体压力试验时，试验温度严禁接近管道材料的脆性转变温度。

9.1.7 脱脂合格的仪表、控制阀、管子和其他管道组成件应封闭保存，并应加设标识；安装时严禁被油污染。

9.2.5 采用擦洗法脱脂时，应使用不易脱落纤维的布或丝绸，不得使用棉纱。脱脂后，脱脂件上严禁附着纤维。

10.1.2 安装在爆炸危险环境的仪表、仪表线路、电气设备及材料，其规格型号必须符合设计文件的规定。防爆设备必须有铭牌和防爆标识，并应在铭牌上标明国家授权的机构颁发的防爆合格证编号。

10.1.5 当电缆桥架或电缆沟道通过不同等级的爆炸危险区域的分隔间壁时，在分隔间壁处必须做充填密封。

10.1.6 安装在爆炸危险区域的电缆导管应符合下列要求：

    2 当电缆导管穿过不同等级爆炸危险区域的分隔间壁时，

分界处电缆导管和电缆之间、电缆导管和分隔间壁之间应做充填密封。

10.1.7 本质安全型仪表的安装和线路敷设,除应符合本规范第10.1.2条、第10.1.5条和10.1.6条第2款的规定外,还应符合下列要求:

12 本质安全型仪表及本质安全关联设备,必须有国家授权的机构颁发的产品防爆合格证,其型号、规格的替代,必须经原设计单位确认。

13 本质安全电路的分支接线应设在增安型防爆接线箱(盒)内。

10.1.8 当对爆炸危险区域的线路进行连接时,必须在设计文件规定采用的防爆接线箱内接线。接线必须牢固可靠、接地良好,并应有防松和防拔脱装置。

10.1.9 用于火灾危险环境的装有仪表及电气设备的箱、盒等,应采用金属或阻燃材料制品,电缆和电缆桥架应采用阻燃材料制品。

10.2.1 供电电压高于36V的现场仪表的外壳,仪表盘、柜、箱、支架、底座等正常不带电的金属部分,均应做保护接地。

12.1.5 仪表工程在系统投用前应进行回路试验。

12.1.10 设计文件规定禁油和脱脂的仪表在校准和试验时,必须按其规定进行。

三十七、《园林绿化工程施工及验收规范》CJJ 82—2012

4.1.2 栽植基础严禁使用含有害成分的土壤,除有设施空间绿化等特殊隔离地带,绿化栽植土壤有效土层下不得有不透水层。

4.3.2 严禁使用带有严重病虫害的植物材料,非检疫对象的病虫害危害程度或危害痕迹不得超过树体的5%～10%。自外省市及国外引进的植物材料应有植物检疫证。

4.4.3 运输吊装苗木的机具和车辆的工作吨位,必须满足苗木吊装、运输的需要，并应制订相应的安全操作措施。

4.10.2 水湿生植物栽植地的土壤质量不良时，应更换合格的栽植土，使用的栽植土和肥料不得污染水源。

4.10.5 水湿生植物的病虫害防治应采用生物和物理防治方法，严禁药物污染水源。

4.12.3 设施顶面绿化栽植基层（盘）应有良好的防水排灌系统，防水层不得渗漏。

4.15.3 园林植物病虫害防治，应采用生物防治方法和生物农药及高效低毒农药，严禁使用剧毒农药。

5.2.4 假山叠石的基础工程及主体构造应符合设计和安全规定，假山结构和主峰稳定性应符合抗风、抗震强度要求。

三十八、《会议电视会场系统工程施工及验收规范》GB 50793—2012

4.1.2 施工前应对吊装、壁装设备的各种预埋件进行检验，其安全性和防腐处理等必须符合设计要求。

4.1.3 吊装设备及其附件应采取防坠落措施。

4.6.1 扬声器系统的安装应符合下列规定：

2 吊装或墙装安装件必须能承受扬声器系统的重量及使用、维修时附加的外力。

3 大型扬声器系统应单独支撑，并应避免扬声器系统工作时引起墙面或吊顶产生谐振。

4.8.1 灯具的安装应符合下列规定：

3 吊装灯具安装前应按设计要求对灯具悬吊装置进行检查。

5 灯具缆线必须使用阻燃缆线。

三十九、《电子会议系统工程施工与质量验收规范》GB 51043—2014

4.4.1 安全操作应符合下列要求：

6 高空作业时，必须采取安全措施。

8 各种电动机械设备，必须有可靠安全接地，传动部分必须有防护罩。

9 电动工具必须设置单独防触电剩余电流保护开关。

5.2.2 导管的敷设应符合下列规定：

3 线缆布放后，敷设在竖井内和穿越不同防火分区墙体与楼板的穿管管路孔洞及线缆的空隙处必须进行防火封堵。

6.6.2 音箱的安装应符合下列规定：

2 音箱在建筑结构上的固定安装必须检查建筑结构的承重能力，并征得原建筑设计单位的同意后方可施工。

7.1.7 工程施工安装期间，易燃易爆物的堆放与使用应远离火源。

四十、《城市道路照明工程施工及验收规程》CJJ 89—2012

4.3.2 配电柜（箱、屏）内两导体间、导电体与裸露的不带电的导体间允许最小电气间隙及爬电距离应符合表 4.3.2 的规定。裸露载流部分与未经绝缘的金属体之间，电气间隙不得小于12mm，爬电距离不得小于20mm。

表 4.3.2 允许最小电气间隙及爬电距离（mm）

额定电压（V）	电气间隙		爬电距离	
	额定工作电流		额定工作电流	
	≤63A	>63A	≤63A	>63A
$U \leqslant 60$	3.0	5.0	3.0	5.0
$60 < U \leqslant 300$	5.0	6.0	6.0	8.0
$300 < U \leqslant 500$	8.0	10.0	10.0	12.0

5.2.4 当拉线穿越带电线路时，距带电部位距离不得小于200mm，且必须加装绝缘子或采取其他安全措施。当拉线绝缘子自然悬垂时，距地面不得小于2.5m。

5.3.3 不同金属、不同规格、不同绞向的导线严禁在档距内连接。

6.1.2 电缆直埋或在保护管中不得有接头。

6.2.3 直埋敷设的电缆穿越铁路、道路、道口等机动车通行的地段时应敷设在能满足承压强度的保护管中，应留有备用管道。

6.2.11 交流单芯电缆不得单独穿入钢管内。

7.1.1 城市道路照明电气设备的下列金属部分均应接零或接地保护：

1 变压器、配电柜（箱、屏）等的金属底座、外壳和金属门；

2 室内外配电装置的金属构架及靠近带电部位的金属遮拦；

3 电力电缆的金属铠装、接线盒和保护管；

4 钢灯杆、金属灯座、Ⅰ类照明灯具的金属外壳；

5 其他因绝缘破坏可能使其带电的外露导体。

7.1.2 严禁采用裸铝导体作接地极或接地线。接地线严禁兼作他用。

7.2.2 当采用接零保护时，单相开关应装在相线上，零线上严禁装设开关或熔断器。

7.3.2 人工接地装置应符合下列规定：

1 垂直接地体所用的钢管，其内径不应小于 40mm、壁厚 3.5mm；角钢应采用 L50mm×50mm×5mm 以上，圆钢直径不应小于 20mm，每根长度不小于 2.5m，极间距离不宜小于其长度的 20 倍，接地体顶端距地面不应小于 0.6m。

2 水平接地体所用的扁钢截面不小于 4mm×30mm，圆钢直径不小于 10mm，埋深不小于 0.6m，极间距离不宜小于 5m。

7.3.3 保护接地线必须有足够的机械强度，应满足不平衡电流及谐波电流的要求，并应符合下列规定：

1 保护接地线和相线的材质应相同，当相线截面在 35mm² 及以下时，保护接地线的最小截面不应小于相线的截面，当相线截面在 35mm² 以上时，保护接地线的最小截面不得小于相线截面的 50%；

2 采用扁钢时不应小于 4mm×30mm，圆钢直径不应小于 10mm；

3 箱式变电站、地下式变电站、控制柜（箱、屏）可开启的门应与接地的金属框架可靠连接，采用的裸铜软线截面不应小于 4mm²。

8.4.7 引下线严禁从高压线间穿过。

四十一、《城镇供热管网工程施工及验收规范》CJJ 28—2014

2.4.3 施工现场夜间必须设置照明、警示灯和具有反光功能的警示标志。

5.1.9 在有限空间内作业应制定作业方案，作业前必须进行气体检测，合格后方可进行现场作业。作业时的人数不得少于 2 人。

5.4.11 预制直埋管道现场安装完成后，必须对保温材料裸露处进行密封处理。

5.4.15 接头外护层安装完成后，必须全部进行气密性检验并应合格。

8.2.7 蒸汽吹洗时必须划定安全区，并设置标志。在整个吹洗作业过程中，应有专人值守。

四十二、《家用燃气燃烧器具安装及验收规程》CJJ 12—2013

3.1.2 燃具铭牌上标定的燃气类别必须与安装处所供应的燃气类别相一致。

3.1.5 住宅中应预留燃具的安装位置，并应设置专用烟道或在外墙上留有通往室外的孔洞。

4.1.2 使用液化石油气的燃具不应设置在地下室和半地下室。使用人工煤气、天然气的燃具不应设置在地下室，当燃具设置在半地下室或地上密闭房间时，应设置机械通风、燃气/烟气（一氧化碳）浓度检测报警等安全设施。

4.6.16 在燃具停用时，主、支并列型共用烟道的支烟道口处静压值应小于零（负压）。

四十三、《古建筑修建工程施工与质量验收规范》JGJ 159—2008

4.1.13 古建筑修缮和复建工程应保持原结构、原材料、原工艺、原法式不变。新材料应经过成功使用经验或经试验证明其效果能满足要求后再在工程中使用。

4.15.2 牮屋工程应符合下列规定：

4 牮屋必须在柱倾斜的正反两个方向上设置保护木支撑或金属拉杆，下端应固定于地锚上，上端应支撑在倾斜的柱与梁相连的节点处。当牮二层或二层以上楼房时，应在楼面梁、屋顶桁条与柱相连的节点处加拉杆或绑扎牵引绳。节点处必须绑替木，替木的断面积不得小于该木柱断面积的 1/5，长度不得小于层高的 1/5。拉杆的数量不得小于被牮柱的数量。

4.17.2 升高木构架应符合下列规定：

1 对升高木构架应进行全面检查，对危险节点和构件应先行加固。

2 应拆除原屋面全部瓦作，与墙体相连接的柱、梁、枋（夹底）等构件应与墙体脱离。

3 应沿柱的纵、横轴线采用水平杆连接各柱根部。柱、梁之间应采用斜杆连接。木构架应连接成牢固的整体。

4 应在柱与梁连接的节点处至少立一根牮杆，并在牮杆底设千斤顶。千斤顶的数量不应少于落地柱的数量。千斤顶底部应垫木板，木板的厚度不应小于 50mm，宽度不应小于 200mm，长度不应小于 500mm。木板应放置平服，板底地基应稳固。千斤顶的上升速度应一致。

4.18.2 发平修复工程应符合下列规定：

1 对发平木构架应进行全面检查，对危险节点和构件应进行加固，对不稳定构件应进行临时的加固。

2 对各柱的沉降应进行测量，并应以沉降量最大的柱为发平控制量、以未沉降的柱为发平的基准。应清除影响发平的障碍。

3 当发平柱数量大于 20% 时，应局部或全部拆除屋面瓦件。

4 发平动力应采用千斤顶。当发平两层或两层以上建筑时，上、下层相同平面位置的牮杆应同一垂直线上。

5 发平应从沉陷最大的柱开始，第一次升高不应超过相邻柱高。应有人统一指挥，缓慢发平。发现响声或不正常现象时，应停下，检查并处理后再发平。

6.1.9 在台风、地震区，屋脊、檐口、突出屋面的烟囱、屏风墙、马头墙及其饰件等必须与基体连接牢固。

9.1.3 古建筑装饰工程设计必须保证建筑物的结构安全和主要使用功能。当主体和承重结构改动或增加荷载时，必须由原设计单位或具备相应资质的设计单位核查有关原始资料，并对被装饰建筑的安全性进行核验、确认。

9.14.34 各种地仗工程与基层的连接必须牢固，并不得对人与环境产生有害影响。

10.1.2 彩画的形式、内容、色泽、所用材料必须符合设计要求和传统做法。

12.1.4 对古建筑、仿古建筑的大梁和柱等承重构件，应进行化学防腐处理。所选用化学药剂不应影响木材强度，不腐蚀金属，不影响油漆彩画，对人畜无害、无异味、抗流失、浸透性强。使用药物的质量、品种、用量应符合设计要求和有关标准的规定。

12.4.6 防虫药物应符合设计要求，并应对人畜、木材强度无有害影响。

四十四、《高耸结构工程施工质量验收规范》GB 51203—2016

4.5.1 对于高耸结构混凝土工程，应在混凝土达到 100% 的设计强度后再对预应力锚栓施加预应力。

5.2.5 高耸钢结构工程连接用的高强度螺栓、普通螺栓、锚栓等紧固标准件及螺母、垫圈等标准配件，其品种、规格、性能等应符合国家现行产品标准和设计要求。非热浸锌的高强度大六角头螺栓连接副进场验收时应分别随箱提供含扭矩系数的检验报告。

5.7.4 承受拉压交变作用或循环变化拉力作用的热浸锌或表面做其他防腐蚀处理的高强度螺栓，不得采用扭矩法和转角法施加预应力。

四十五、《工业设备及管道防腐蚀工程施工质量验收规范》GB 50727—2011

3.2.6 通过返修处理仍不能满足安全使用要求的工程，严禁验收。

8.2.3 用于压力容器的衬里板材应进行针孔检测和拉伸强度复验。

四十六、《现场设备、工业管道焊接工程施工质量验收规范》GB 50683—2011

3.2.3 当焊接工程质量不符合本规范规定时，应按下列规定进行处理：

　　4 经过返修仍不能满足安全使用要求的工程，严禁验收。

四十七、《工业金属管道工程施工质量验收规范》GB 50184—2011

3.2.5 当工业金属管道工程质量不符合本规范时，应按下列规定进行处理：

　　4 经过返修仍不能满足安全使用要求的工程，严禁验收。

8.5.2 液压试验应符合下列规定：

　　2 液压试验温度严禁接近金属材料的脆性转变温度。

8.5.4 气压试验应符合下列规定：

　　2 气压试验温度严禁接近金属材料的脆性转变温度。

8.5.7 泄漏性试验应按设计文件的规定进行，并应符合下列规定：

1 输送极度和高度危害介质以及可燃介质的管道，必须进行泄漏性试验。

四十八、《城镇污水处理厂工程质量验收规范》GB 50334—2017

7.15.2 臭氧、氧气系统的管道及附件在安装前必须进行脱脂。

13.3.2 易燃、易爆、有毒、有害物质的管道必须进行强度和严密性试验。

四十九、《沉管法隧道施工与质量验收规范》GB 51201—2016

8.1.7 基槽边坡顶部严禁堆载。

10.1.4 管节浮运前，应核对航道沿线水下地形、地质资料和水文资料，浮运路线上不应有损害管节的障碍物。

14.1.4 严禁水上水下作业人员靠近带劲缆绳。

14.2.3 潜水作业前应对潜水人员进行技术与安全交底。

五十、《盾构法隧道施工及验收规范》GB 50446—2017

3.0.3 盾构施工专项施工方案和应急预案应根据盾构类型、地质条件和工程实践制定。

7.8.6 气压作业前，开挖仓内气压必须通过计算和试验确定。

五十一、《立井钻井法施工及验收规范》GB 51227—2017

6.1.4 井壁吊环必须符合下列规定：

1 应采用热轧碳素圆铜制作，严禁冷弯加工；

2 超出井壁上法兰盘部分的高度不得大于 200mm，下部应采用托架与结构钢筋或钢板筒焊接固定；

3 埋设在混凝土中的深度应根据井壁重量计算确定。

7.1.1 下沉井壁前必须测井并绘制钻井井筒纵向剖面图和最大

投影有效圆图，且终孔有效圆直径必须符合下式计算结果：

$$D \geqslant D_1 + 2d + K \qquad (7.1.1)$$

式中：D——终孔有效圆的直径（m）；

　　　D_1——井壁的最大外直径（m）；

　　　d——充填管的最大外直径（m）；

　　　K——直径富余量（m）。

8.5.3 壁后充填质量检查施工应符合下列规定：

　3 检查孔有出浆出水的，必须重新补注浆；

五十二、《城市轨道交通通信工程质量验收规范》GB 50382—2016

3.1.5 城市轨道交通通信工程中，凡有区间设备安装侵入设备限界，或车载设备安装超出车辆限界的，不得验收。

五十三、《通信线路工程验收规范》GB 51171—2016

4.0.5 直埋光（电）缆、硅芯塑料管道与其他建筑设施间的最小净距应符合表 4.0.5 的规定。

表 4.0.5　直埋光（电）缆、硅芯塑料管道与其他建筑
设施间的最小净距（m）

名称	平行时	交越时
通信管道边线（不包括人手孔）	0.75	0.25
非同沟的直埋通信光（电）缆	0.5	0.25
埋式电力电缆（交流 35kV 以下）	0.5	0.5
埋式电力电缆（交流 35kV 及以上）	2.0	0.5
给水管（管径小于 300mm）	0.5	0.5
给水管（管径 300mm～500mm）	1.0	0.5
给水管（管径大于 500mm）	1.5	0.5

续表 4.0.5

名称	平行时	交越时
高压油管、天然气管	10.0	0.5
热力、排气管	1.0	0.5
燃气管（压力小于 300kPa）	1.0	0.5
燃气管（压力 300kPa 及以上）	2.0	0.5
其他通信线路	0.5	—
排水沟	0.8	0.5
房屋建筑红线或基础	1.0	—
树木（室内、村镇大树、果树、行道树）	0.75	
树木（市外大树）	2.0	
水井、坟墓	3.0	
粪坑、积肥池、沼气池、氨水池等	3.0	
架空杆路及拉线	1.5	—

注：1　直埋光（电）缆采用钢管保护时，与水管、燃气管、输油管交越时的净距
　　　不得小于 0.15m；
　　2　对于杆路、拉线、孤立大树和高耸建筑，还应符合防雷要求；
　　3　大树指胸径 0.3m 及以上的树木；
　　4　穿越埋深与光（电）缆相近的各种地下管线时，光（电）缆应在管线下方
　　　通过并采取保护措施；
　　5　最小净距达不到表中要求时，应按设计要求采取行之有效的保护措施。

4.0.6 架空通信线路与其他设施接近、交越时，其间隔距离应符合下列规定。

　1　杆路与其他设施的最小水平净距应符合表 4.0.6-1 的规定。

表 4.0.6-1 杆路与其他设施的最小水平净距

其他设施名称	最小水平净距 (m)	备注
消火栓	1.0	消火栓与电杆距离
地下管、缆线	0.5~1.0	包括通信管、缆线与电杆间的距离
火车铁轨	地面杆高的 4/3 倍	—
人行道边石	0.5	—
地面上已 有其他杆路	地面杆高的 4/3 倍	以较长杆高为基础。其中，对 500kV～750kV 输电线路不小于 10m，对 750kV 以上输电线路不 小于 13m
市区树木	0.5	缆线到树干的水平距离
郊区树木	2.0	缆线到房屋建筑的水平距离
房屋建筑	2.0	缆线到房屋建筑的水平距离

注：在地域狭窄地段，拟建架空光缆与已有架空线路平行敷设时，当间距不能满
　　足以上要求，杆路共享或改用其他方式敷设光（电）缆线路，应满足隔距
　　要求。

2 架空光（电）缆架设高度不应低于表 4.0.6-2 的规定。

表 4.0.6-2 架空光（电）缆架设高度

名称	与线路方向平行时		与线路方向交越时	
	架设高度 (m)	备注	架设高度 (m)	备注
市内街道	4.5		5.5	
市内里弄 （胡同）	4.0	最低缆线 到地面	5.0	最低缆线到轨面
铁路	3.0		7.5	
公路	3.0		5.5	
土路	3.0		5.0	

续表 4.0.6-2

名称	与线路方向平行时		与线路方向交越时	
	架设高度 (m)	备注	架设高度 (m)	备注
房屋建筑物	—		0.6	最低缆线到屋脊
			1.5	最低缆线到房屋平面
河流	—		1.0	最低缆线到最高水位时的船桅顶
市区树木	—		1.5	最低缆线到树枝的垂直距离
郊区树木	—		1.5	
其他通信导线	—		0.6	一方最低缆线到另一方最高线条

3 架空光（电）缆交越其他电气设施的最小垂直净距不应小于表 4.0.6-3 的规定。

表 4.0.6-3 架空光（电）缆交越其他电气设施的最小垂直净距

其他电气设备名称	最小垂直净距（m）		备注
	架空电力线路 有防雷保护设备	架空电力线路 无防雷保护设备	
10kV 以下电力线	2.0	4.0	最高缆线到电力线条
35kV 至 110kV 电力线 （含 110kV）	3.0	5.0	
110kV 至 220kV 电力线 （含 220kV）	4.0	6.0	
220kV 至 330kV 电力线 （含 330kV）	5.0	—	
330kV 至 500kV 电力线 （含 500kV）	8.5	—	
500kV 至 750kV 电力线 （含 750kV）	12.0	—	
750kV 至 1000kV 电力线 （含 1000kV）	18	—	

续表 4.0.6-3

其他电气设备名称	最小垂直净距（m）		备注
	架空电力线路有防雷保护设备	架空电力线路无防雷保护设备	
供电线接户线	0.6		—
霓虹灯及其铁架	1.6		—
电气铁道及电车滑接线	1.25		—

注：1　供电线为被覆线且最小净距不符合表要求时，光（电）缆应在供电线上方交越；

　　2　光（电）缆与供电线交越时，跨越档两侧电杆及吊线安装应做加强保护装置；

　　3　通信线应架设在电力线路的下方位置，应架设在电车滑接线和接触网的上方位置。

6.4.6　人行道上易被行人碰触到的拉线应设置拉线标志。在距地面高 2.0m 以下的拉线部位应采用绝缘材料进行保护。绝缘材料应埋入地下 200mm，包裹绝缘材料物表面应为红白色相间。

8.8.7　局站内或交接箱处的光（电）缆金属构件应接防雷地线。电缆进局时，电缆成端应按电缆线序接保安接线排。

五十四、《数据中心基础设施施工及验收规范》GB 50462—2015

3.1.5　对改建、扩建工程的施工，需改变原建筑结构及超过原设计荷载时，必须具有确认荷载的设计文件。

5.2.10　含有腐蚀性物质的铅酸类蓄电池，安装时必须采取佩戴防护装具以及安装排气装置等防护措施。

5.2.11　电池汇流排裸露的必须采取加装绝缘护板的防护措施。

6.2.2　数据中心区域内外露的不带电的金属物必须与建筑物进行等电位连接。

五十五、《通信局(站)防雷与接地工程验收规范》GB 51120—2015

3.0.1　通信局（站）的接地系统必须采用联合接地的方式。

6.3.2 严禁在接地线中加装开关或熔断器。

6.3.4 接地线与设备或接地排连接时必须加装铜接线端子，且应压（焊）接牢固。

7.3.1 缆线严禁系挂在避雷网、避雷带或引下线上。

五十六、《建筑隔震工程施工及验收规范》JGJ 360—2015

5.4.2 对可能泄漏有害介质或可燃介质的重要管道，在穿越隔震层位置时应采用柔性连接。

5.5.1 上部结构与下部结构之间的水平隔震缝的高度应满足设计要求。当设计无要求时，缝高不应小于20mm。

5.5.2 上部结构周边设置的竖向隔震缝宽度应满足设计要求。当设计无要求时，缝宽不应小于各支座在罕遇地震下的最大水平位移值的1.2倍，且不应小于200mm。对两相邻隔震结构，其竖向隔震缝宽度应取两侧结构的支座在罕遇地震下的最大水平位移值之和，且不应小于400mm。

6.1.3 建筑隔震工程上部结构验收和竣工验收时，均应对隔震缝和柔性连接进行验收检查。

五十七、《洁净厂房施工及质量验收规范》GB 51110—2015

4.5.6 吊顶的固定和吊挂件应与主体结构相连；不得与设备支架和管线支架连接；吊顶的吊挂件不得用作管线支、吊架或设备的支、吊架。

5.3.4(6) 风管内严禁其他管线穿越。

5.4.9(2) 电加热器前后800mm的绝热保温层应采用不燃材料，风管与电加热器连接法兰垫片应采用耐热不燃材料；

5.4.9(3) 金属外壳应设良好接地，外露的接线柱应设安全防护罩。

6.2.5(1) 可燃、有毒的排风风管的密封垫料、固定材料应采用不燃材料；

6.2.9 防爆、可燃、有毒排风系统的风阀制作材料必须符合设计要求。

6.2.10 防排烟阀、柔性短管应符合下列规定：

1 防排烟阀、排烟口应符合国家现行有关消防产品标准的规定，并应具有相应的产品合格证明文件；

2 防排烟系统柔性短管的制作材料必须为不燃材料。

6.3.4 排风风管穿过防火、防爆的墙体、顶棚或楼板时，应设防护套管，其套管钢板厚度不应小于 1.6mm。防护套管应事先预埋。并应固定；风管与防护套管之间的间隙应采用不燃隔热材料的封堵。

6.3.5 排风风管安装应符合下列规定：

1 输送含有可燃、易爆介质的排风风管或安装在有爆炸危险环境的风管应设有可靠接地；

2 排风风管穿越洁净室（区）的墙体、顶棚和地面时应设套管，并应做气密构造；

3 排风风管内严禁其他管线穿越；

4 室外排风立管的固定拉索严禁与避雷针或避雷网连接。

6.3.6 排风风管内气体温度高于 80℃时，应按工程设计要求采取防护措施。

7.1.3 阀门安装前，应对下列管道的阀门逐个进行压力试验和严密性试验，不合格者不得使用：

1 输送可燃流体、有毒流体管道的阀门；

2 输送高纯气体、高纯水管道的阀门；

3 输送特种气体、化学品管道的阀门。

7.1.5 管道穿越洁净室（区）墙体、吊顶、楼板和特殊构造时应符合下列规定：

1 管道穿越伸缩缝、防震缝、沉降缝时应采用柔性连接；

2 管道穿越墙体、吊顶、楼板时应设置套管，套管与管道之间的间隙应采用不易产尘的不燃材料密封填实；

3 管道接口、焊缝不得设在套管内。

7.3.1 管道安装作业不连续时，应采用洁净物品对所有的管口进行封闭处理。

7.7.3 管道粘结作业场所严禁烟火；通风应良好，集中作业场所应设排风设施。

7.8.2(1) 输送剧毒流体管道的焊缝应全部进行射线照相检验，其质量不得低于Ⅱ级。

7.8.2(2) 输送压力大于或等于0.5MPa的可燃流体、有毒流体管道的焊缝，应抽样进行射线照相检验，抽检比例不得低于管道焊缝的10%，其质量不得低于Ⅲ级。工程设计文件有抽检比例和质量规定时，应符合设计文件要求。

9.4.4(1) 接地体及其引出线和焊接部位应进行表面除锈，去除污物和残留焊渣，并应进行防腐处理。

9.4.4(2) 接地体埋设深度应符合工程设计文件的要求，且不得小于0.6m。

五十八、《给水排水构筑物工程施工及验收规范》GB 50141—2008

1.0.3 给排水构筑物工程所用的原材料、半成品、成品等产品的品种、规格、性能必须符合国家有关标准的规定和设计要求；接触饮用水的产品必须符合有关卫生要求。严禁使用国家明令淘汰、禁用的产品。

3.1.10 工程所用主要原材料、半成品、构（配）件、设备等产品，进入施工现场时必须进行进场验收。进场验收时应检查每批产品的订购合同、质量合格证书、性能检验报告、使用说明书、进口产品的商检报告及证件等，并按国家有关标准规定进行复验，验收合格后方可使用。混凝土、砂浆、防水涂料等现场配制的材料应经检测合格后使用。

3.1.16 工程施工质量控制应符合下列规定：

1 各分项工程应按照施工技术标准进行质量控制，分项工程完成后，应进行检验；

2 相关各分项工程之间，应进行交接检验；所有隐蔽分项工程应进行隐蔽验收；未经检验或验收不合格不得进行下道分项工程施工；

　　3　设备安装前应对有关的设备基础、预埋件、预留孔的位置、高程、尺寸等进行复核。

3.2.8　通过返修或加固处理仍不能满足结构安全和使用功能要求的分部（子分部）工程、单位（子单位）工程，严禁验收。

6.1.4　水处理构筑物施工完毕必须进行满水试验。消化池满水试验合格后，还应进行气密行试验。

7.3.12　排水下沉施工应符合下列规定：

　　4　用抓斗取土时，沉井内严禁站人；对于有底梁或支撑梁的沉井，严禁人员在底梁下穿越。

8.1.6　施工完毕的贮水调蓄构筑物必须进行满水试验。

五十九、《给水排水管道工程施工及验收规范》GB 50268—2008

1.0.3　给排水管道工程所用的原材料、半成品、成品等产品的品种、规格、性能必须符合国家有关标准的规定和设计要求；接触饮用水的产品必须符合有关卫生要求。严禁使用国家明令淘汰、禁用的产品。

3.1.9　工程所用的管材、管道附件、构（配）件和主要原材料等产品进入施工现场时必须进行进场验收并妥善保管。进场验收时应检查每批产品的订购合同、质量合格证书、性能检验报告、使用说明书、进口产品的商检报告及证件等，并按国家有关标准规定进行复验，验收合格后方可使用。

3.1.15　给排水管道工程施工质量控制应符合下列规定：

　　1　各分项工程应按照施工技术标准进行质量控制，每分项工程完成后，必须进行检验；

　　2　相关各分项工程之间，必须进行交接检验，所有隐蔽分项工程必须进行隐蔽验收，未经检验或验收不合格不得进行下道分项工程。

3.2.8　通过返修或加固处理仍不能满足结构安全或使用功能要求的分部（子分部）工程、单位（子单位）工程，严禁验收。

9.1.10 给水管道必须水压试验合格，并网运行前进行冲洗与消毒，经检验水质达到标准后，方可允许并网通水投入运行。

9.1.11 污水、雨污水合流管道及湿陷土、膨胀土、流砂地区的雨水管道，必须经严密性试验合格后方可投入运行。

六十、《锅炉安装工程施工及验收规范》GB 50273—2009

1.0.3 锅炉安装前和安装过程中，当发现受压部件存在影响安全使用的质量问题时，必须停止安装，并报告建设单位。

5.0.3 锅炉水压试验前应进作检查，且应符合下列要求：

　　4 试压系统的压力表不应少于 2 只。额定工作压力大于或等于 2.5MPa 的锅炉，压力表的精度等级应不低于 1.6 级。额定工作压力小于 2.5MPa 的锅炉，压力表的精度等级不应低于 2.5 级。压力表经过校验应并合格，其表盘量程应为试验压力的 1.5～3 倍。

6.3.2 蒸汽锅炉安全阀的安装和试验，应符合下列要求：

　　2 蒸汽锅炉安全阀整定压力应符合表 6.3.2 的规定。锅炉上必须有一个安全阀按表 6.3.2 中较低的整定压力进行调整；对有过热器的锅炉，按较低压力进行整定的安全阀必须是过热器上的安全阀；

表 6.3.2　蒸汽锅炉安全阀的整定压力（MPa）

额定工作压力	安全阀的整定压力
≤0.8	工作压力加 0.03
	工作压力加 0.05
0.8～3.82	工作压力的 1.04 倍
	工作压力的 1.06 倍

注：1　省煤器安全阀整定压力应为装设地点工作压力的 1.1 倍；

　　2　表中的工作压力，对于脉冲式安全阀指冲量接出地点的工作压力，其他类型的安全阀系指安全阀装设地点的工作压力。

　　3　蒸汽锅炉安全阀应铅垂安装，其排汽管管径应与安全阀排出口径一致，其管路应畅通，并直通至安全地点，排汽管底部应装有疏水管。省煤器的安全阀应装排水管。在排水管、排汽管和疏水管上，不得装设阀门。

7 蒸汽锅炉安全阀经调整检验合格后，应加锁或铅封。

6.3.3 热水锅炉安全阀的安装和试验，应符合下列要求：

2 热水锅炉安全阀的整定压力应符合表 6.3.3 的规定。锅炉上必须有一个安全阀按表 6.3.3 中较低的整定压力进行调整；

表 6.3.3   蒸汽锅炉安全阀的整定压力（MPa）

安全阀的整定压力	工作压力的 1.12 倍，且不应小于工作压力加 0.07
	工作压力的 1.14 倍，且不应小于工作压力加 0.1

4 热水锅炉安全阀检验合格后，应加锁或铅封。

6.3.4 有机热载体炉安全阀的安装，应符合下列要求：

2 气相炉最少应安装两只不带手柄的全启式弹簧安全阀，安全阀与筒体连接的短管上应装设一只爆破片，爆破片与锅筒或集箱连接的短管上应加装一只截止阀。气相炉在运行时，截止阀必须处于全开位置；

4 安全阀检验合格后，应加锁或铅封。

10.0.2 工程未办理工程验收手续前，严禁投入使用。

六十一、《城镇道路工程施工与质量验收规范》CJJ 1—2008

3.0.7 施工中必须建立安全技术交底制度，并对作业人员进行相关的安全技术教育与培训。作业前主管施工技术人员必须向作业人员进行详尽的安全技术交底，并形成文件。

3.0.9 施工中，前一分项工程未经验收合格严禁进行后一分项工程施工。

6.3.3 人机配合土方作业，必须设专人指挥。机械作业时，配合作业人员严禁处在机械作业和走行范围内。配合人员在机械走行范围内作业时，机械必须停止作业。

6.3.10 挖方施工应符合下列规定：

1 挖土时应自上向下分层开挖，严禁掏洞开挖。作业中断或作业后，开挖面应做成稳定边坡。

2 机械开挖作业时，必须避开构筑物、管线，在距管道边

1m 范围内应采用人工开挖；在距直埋缆线 2m 范围内必须采用人工开挖。

3 严禁挖掘机等机械在电力架空线路下作业。需在其一侧作业时，垂直及水平安全距离应符合表 6.3.10 的规定。

表 6.3.10　挖掘机、起重机（含吊物、载物）等机械与
电力架空线路的最小安全距离

电压（kV）		<1	10	35	110	220	330	500
安全距离（m）	沿垂直方向	1.5	3.0	4.0	5.0	6.0	7.0	8.5
	沿水平方向	1.5	2.0	3.5	4.0	6.0	7.0	8.5

8.1.2 沥青混合料面层不得在雨、雪天气及环境最高温度低于 5℃时施工。

8.2.20 用成品仓贮存沥青混合料，贮存期混合料降温不得大于 10℃。贮存时间普通沥青混合料不得超过 72h。

10.7.6 在面层混凝土弯拉强度达到设计强度，且填缝完成前，不得开放交通。

11.1.9 铺砌面层完成后，必须封闭交通，并应湿润养护，当水泥砂浆达到设计强度后，方可开放交通。

17.3.8 当面层混凝土弯拉强度未达到 1MPa 或抗压强度未达到 5MPa 时，必须采取防止混凝土受冻的措施，严禁混凝土受冻。

六十二、《城市桥梁工程施工与质量验收规范》CJJ 2—2008

2.0.5 施工单位应按合同规定的或经过审批的设计文件进行施工。发生设计变更及工程洽商应按国家现行有关规定程序办理设计变更与工程洽商手续，并形成文件。严禁按未经批准的设计变更进行施工。

2.0.8 施工中必须建立技术与安全交底制度。作业前主管施工技术人员必须向作业人员进行安全与技术交底，并形成文件。

5.2.12 浇筑混凝土和砌筑前，应对模板、支架和拱架进行检查和验收，合格后方可施工。

6.1.2 钢筋应按不同钢种、等级、牌号、规格及生产厂家分批验收，确认合格后方可使用。

6.1.5 预制构件的吊环必须采用未经冷拉的 HPB235 热轧光圆钢筋制作，不得以其他钢筋替代。

8.4.3 预应力筋的张拉控制应力必须符合设计规定。

10.1.7 基坑内地基承载力必须满足设计要求。基坑开挖完成后，应会同设计、勘探单位实地验槽，确认地基承载力满足设计要求。

13.2.6 桥墩两侧梁段悬臂施工应对称、平衡。平衡偏差不得大于设计要求。

13.4.4 桥墩两侧应对称拼装，保持平衡。平衡偏差应满足设计要求。

14.2.4 高强度螺栓终拧完毕必须当班检查。每栓群应抽查总数的 5%，且不得少于 2 套。抽查合格率不得小于 80%，否则应继续抽查，直至合格率达到 80% 以上。对螺栓拧紧度不足者应补拧，对超拧者应更换、重新施拧并检查。

16.3.3 分段浇筑程序应对称于拱顶进行，且应符合设计要求。

17.4.1 施工过程中，必须对主梁各施工阶段的拉索索力、主梁标高、塔梁内力以及索塔位移量等进行监测，并应及时将有关数据反馈给设计单位，分析确定下一施工阶段的拉索张拉量值和主梁线形、高程及索塔位移控制量值等，直至合龙。

18.1.2 施工过程中，应及时对成桥结构线形及内力进行监控，确保符合设计要求。

六十三、《城镇燃气室内工程施工与质量验收规范》CJJ 94—2009

3.2.1 国家规定实行生产许可证、计量器具许可证或特殊认证的产品，产品生产单位必须提供相关证明文件，施工单位必须在安装使用前查验相关的文件，不符合要求的产品不得安装使用。

3.2.2 燃气室内工程所用的管道组成件、设备及有关材料的规格、性能等应符合国家现行有关标准及设计文件的规定，并应有出厂合格文件；燃具、用气设备和计量装置等必须选用经国家主管部门认可的检测机构检测合格的产品，不合格者不得选用。

4.2.1 在地下室、半地下室、设备层和地上密闭房间以及地下车库安装燃气引入管道时应符合设计文件的规定；当设计文件无明确要求时，应符合下列规定：

1 引入管道应使用钢号为 10、20 的无缝钢管或具有同等及同等以上性能的其他金属管材；

2 管道的敷设位置应便于检修，不得影响车辆的正常通行，且应避免被碰撞；

3 管道的连接必须采用焊接连接。其焊缝外观质量应按现行国家标准《现场设备、工业管道焊接工程施工及验收规范》GB 50236 进行评定，Ⅲ级合格；焊缝内部质量检查应按现行国家标准《无损检测金属管道熔化焊环向对接接头射线照相检测》GB/T 12605 进行评定，Ⅲ级合格。

检查数量：100%检查。

检查方法：目视检查和查看无损检测报告。

6.3.1 当商业用气设备安装在地下室、半地下室或地上密闭房间内时，应严格按设计文件要求施工。

检查方法：查阅设计文件。

6.4.1 工业企业生产用气设备的安装场所应符合现行国家标准《城镇燃气设计规范》GB 50028 的规定；当用气设备安装在地下室、半地下室或地上密闭房间内时，应严格按设计文件要求施工。

检查方法：查阅设计文件和目视检查。

7.2.3 地下室、半地下室和地上密闭房间室内燃气钢管的固定焊口应进行 100%射线照相检验，活动焊口应进行 10%射线照相检验，其质量应达到现行国家标准《无损检测金属管道熔化焊环向对接接头射线照相检测》GB/T 12605 中的Ⅲ级。

检查数量：100%检查。

检查方法：外观检查、查阅无损探伤报告和设计文件。

8.1.3 严禁使用可燃气体和氧气进行试验。

8.2.4   强度试验压力应为设计压力的 1.5 倍且不得低于 0.1MPa。

8.2.5 强度试验应符合下列要求：

1 在低压燃气管道系统达到试验压力时，稳压不少于 0.5h后，应用发泡剂检查所有接头，无渗漏、压力计量装置无压力降为合格；

2 在中压燃气管道系统达到试验压力时，稳压不少于 0.5h后，应用发泡剂检查所有接头，无渗漏、压力计量装置无压力降为合格；或稳压不少于 1h，观察压力计量装置，无压力降为合格；

3 当中压以上燃气管道系统进行强度试验时，应在达到试验压力的 50%时停止不少于 15min，用发泡剂检查所有接头，无渗漏后方可继续缓慢升压至试验压力并稳压不少于 1h 后，压力计量装置无压力降为合格。

8.3.2 室内燃气系统的严密性试验应在强度试验合格之后进行。

8.3.3   严密性试验应符合下列要求：

1 低压管道系统

试验压力应为设计压力且不得低于 5kPa。在试验压力下，居民用户应稳压不少于 15min，商业和工业企业用户应稳压不少于 30min，并用发泡剂检查全部连接点，无渗漏、压力计无压力降为合格。

当试验系统中有不锈钢波纹软管、覆塑铜管、铝塑复合管、耐油胶管时，在试验压力下的稳压时间不宜小于 1h，除对各密封点进行检查外，还应对外包覆层端面是否有渗漏现象进行检查。

2 中压及以上压力管道系统

试验压力应为设计压力且不得低于 0.1MPa。在试验压力下，稳压不得少于 2h，用发泡剂检查全部连接点，无渗漏、压力计量装置无压力降为合格。

六十四、《城镇燃气输配工程施工及验收规范》CJJ 33—2005

1.0.3 进行城镇燃气输配工程施工的单位，必须具有与工程规模相适应的施工资质；进行城镇燃气输配工程监理的单位，必须具有相应的监理资质。工程项目必须取得建设行政主管部门批准的施工许可文件后方可开工。

1.0.4 承担燃气钢质管道、设备焊接的人员，必须具有锅炉压力容器压力管道特种设备操作人员资格证（焊接）焊工合格证书，且在证书的有效期及合格范围内从事焊接工作。间断焊接时间超过 6 个月，再次上岗前应重新考试；承担其他材质燃气管道安装的人员，必须经过专门培训，并经考试合格，间断安装时间超过 6 个月，再次上岗前应重新考试和技术评定。当使用的安装设备发生变化时，应针对该设备操作要求进行专门培训。

2.2.1 在沿车行道、人行道施工时，应在管沟沿线设置安全护栏，并应设置明显的警示标志。在施工路段沿线，应设置夜间警示灯。

5.4.10 管道下沟前必须对防腐层进行 100％的外观检查，回填前应进行 100％电火花检漏，回填后必须对防腐层完整性进行全线检查，不合格必须返工处理直至合格。

7.2.2 对不同级别、不同熔体流动速率的聚乙烯原料制造的管材或管件，不同标准尺寸比（SDR 值）的聚乙烯燃气管道连接时，必须采用电熔连接。施工前应进行试验，判定试验连接质量合格后，方可进行电熔连接。

9.1.2 燃气管道的安装应符合下列要求：

　　2 采用 PE 管时，要先做相同人员、工况条件下的焊接试验。

12.1.1 管道安装完毕后应依次进行管道吹扫、强度试验和严密性试验。

第四篇　安　全

一、《建设工程施工现场环境与卫生标准》JGJ 146—2013

4.2.1 施工现场的主要道路应进行硬化处理。裸露的场地和堆放的土方应采取覆盖、固化或绿化等措施。

4.2.5 建筑物内垃圾应采用容器或搭设专用封闭式垃圾道的方式清运，严禁凌空抛掷。

4.2.6 施工现场严禁焚烧各类废弃物。

5.1.6 施工现场生活区宿舍、休息室必须设置可开启式外窗，床铺不应超过 2 层，不得使用通铺。

二、《建筑施工安全技术统一规范》GB 50870—2013

5.2.1 对建筑施工临时结构应做安全技术分析，并应保证在设计规定的使用工况下保持整体稳定性。

7.2.2 建筑施工安全应急救援预案应对安全事故的风险特征进行安全技术分析，对可能引发次生灾害的风险，应有预防技术措施。

三、《建筑施工土石方工程安全技术规范》JGJ 180—2009

2.0.2 土石方工程应编制专项施工安全方案，并应严格按照方案实施。

2.0.3 施工前应针对安全风险进行安全教育及安全技术交底。特种作业人员必须持证上岗，机械操作人员应经过专业技术培训。

2.0.4 施工现场发现危及人身安全和公共安全的隐患时，必须立即停止作业，排除隐患后方可恢复施工。

5.1.4 爆破作业环境有下列情况时，严禁进行爆破作业：

　　1 爆破可能产生不稳定边坡、滑坡、崩塌的危险；

　　2 爆破可能危及建（构）筑物、公共设施或人员的安全；

　　3 恶劣天气条件下。

6.3.2 基坑支护结构必须在达到设计要求的强度后，方可开挖下层土方，严禁提前开挖和超挖。施工过程中，严禁设备和重物碰撞支撑、腰梁、锚杆等基坑支护结构，亦不得在支护结构上放置或悬挂重物。

四、《建设工程施工现场消防安全技术规范》GB 50720—2011

3.2.1 易燃易爆危险品库房与在建工程的防火间距不应小于15m，可燃材料堆场及其加工场、固定动火作业场与在建工程的防火间距不应小于10m，其他临时用房、临时设施与在建工程的防火间距不应小于6m。

4.2.1 宿舍、办公用房的防火设计应符合下列规定：

1 建筑构件的燃烧性能等级应为 A 级。当采用金属夹芯板材时，其芯材的燃烧性能等级应为 A 级。

4.2.2 发电机房、变配电房、厨房操作间、锅炉房、可燃材料库房及易燃易爆危险品库房的防火设计应符合下列规定：

1 建筑构件的燃烧性能等级应为 A 级。

4.3.3 既有建筑进行扩建、改建施工时，必须明确划分施工区和非施工区。施工区不得营业、使用和居住；非施工区继续营业、使用和居住时，应符合下列规定：

1 施工区和非施工区之间应采用不开设门、窗、洞口的耐火极限不低于 3.0h 的不燃烧体隔墙进行防火分隔。

2 非施工区内的消防设施应完好和有效，疏散通道应保持畅通，并应落实日常值班及消防安全管理制度。

3 施工区的消防安全应配有专人值守，发生火情应能立即处置。

4 施工单位应向居住和使用者进行消防宣传教育，告知建筑消防设施、疏散通道的位置及使用方法，同时应组织疏散演练。

5 外脚手架搭设不应影响安全疏散、消防车正常通行及灭火救援操作，外脚手架搭设长度不应超过该建筑物外立面周长的1/2。

5.1.4　施工现场的消火栓泵应采用专用消防配电线路。专用消防配电线路应自施工现场总配电箱的总断路器上端接入，且应保持不间断供电。

5.3.5　临时用房的临时室外消防用水量不应小于表5.3.5的规定。

表5.3.5　临时用房的临时室外消防用水量

临时用房的建筑面积之和	火灾延续时间（h）	消火栓用水量（L/s）	每支水枪最小流量（L/s）
1000m²＜面积≤5000m²	1	10	5
面积＞5000m²		15	5

5.3.6　在建工程的临时室外消防用水量不应小于表5.3.6的规定。

表5.3.6　在建工程的临时室外消防用水量

在建工程（单体）体积	火灾延续时间（h）	消火栓用水量（L/s）	每支水枪最小流量（L/s）
10000m³＜体积≤30000m³	1	15	5
体积＞30000m³	2	20	5

5.3.9　在建工程的临时室内消防用水量不应小于表5.3.9的规定。

表5.3.9　在建工程的临时室内消防用水量

建筑高度、在建工程体积（单体）	火灾延续时间（h）	消火栓用水量（L/s）	每支水枪最小流量（L/s）
24m＜建筑高度≤50m 或 30000m³＜体积≤50000m³	1	10	5
建筑高度＞50m 或体积＞50000m³	2	15	5

6.2.1　用于在建工程的保温、防水、装饰及防腐等材料的燃烧性能等级应符合设计要求。

6.2.2 室内使用油漆及其有机溶剂、乙二胺、冷底子油等易挥发产生易燃气体的物资作业时，应保持良好通风，作业场所严禁明火，并应避免产生静电。

6.3.1 施工现场用火应符合下列规定：

　　3 焊接、切割、烘烤或加热等动火作业前，应对作业现场的可燃物进行清理；作业现场及其附近无法移走的可燃物应采用不燃材料对其覆盖或隔离。

　　5 裸露的可燃材料上严禁直接进行动火作业。

　　9 具有火灾、爆炸危险的场所严禁明火。

6.3.3 施工现场用气应符合下列规定：

　　1 储装气体的罐瓶及其附件应合格、完好和有效；严禁使用减压器及其他附件缺损的氧气瓶，严禁使用乙炔专用减压器、回火防止器及其他附件缺损的乙炔瓶。

五、《建筑机械使用安全技术规程》JGJ 33—2012

2.0.1 特种设备操作人员应经过专业培训、考核合格取得建设行政主管部门颁发的操作证，并应经过安全技术交底后持证上岗。

2.0.2 机械必须按照出厂使用说明书规定的技术性能、承载能力和使用条件，正确操作，合理使用，严禁超载、超速作业或任意扩大使用范围。

2.0.3 机械上的各种安全防护和保险装置及各种安全信息装置必须齐全有效。

2.0.21 清洁、保养、维修机械或电气装置前，必须先切断电源，等机械停稳后再进行操作。严禁带电或采用预约停送电时间的方式进行检修。

4.1.11 建筑起重机械的变幅限位器、力矩限制器、起重量限制器、防坠安全器、钢丝绳防脱装置、防脱钩装置以及各种行程限位开关等安全保护装置，必须齐全有效，严禁随意调整或拆除。严禁利用限制器和限位装置代替操纵机构。

4.1.14 在风速达到 9.0m/s 及以上或大雨、大雪、大雾等恶劣天气时，严禁进行建筑起重机械的安装拆卸作业。

4.5.2 桅杆式起重机专项方案必须按规定程序审批，并应经专家论证后实施。施工单位必须指定安全技术人员对桅杆式起重机的安装、使用和拆卸进行现场监督和监测。

5.1.4 作业前，必须查明施工场地内明、暗铺设的各类管线等设施，并应采用明显记号标识。严禁在离地下管线、承压管道 1m 距离以内进行大型机械作业。

5.1.10 机械回转作业时，配合人员必须在机械回转半径以外工作。当需在回转半径以内工作时，必须将机械停止回转并制动。

5.5.6 作业中，严禁人员上下机械，传递物件，以及在铲斗内、拖把或机架上坐立。

5.10.20 装载机转向架未锁闭时，严禁站在前后车架之间进行检修保养。

5.13.7 夯锤下落后，在吊钩尚未降至夯锤吊环附近前，操作人员严禁提前下坑挂钩。从坑中提锤时，严禁挂钩人员站在锤上随锤提升。

7.1.23 桩孔成型后，当暂不浇注混凝土时，孔口必须及时封盖。

8.2.7 料斗提升时，人员严禁在料斗下停留或通过；当需要在料斗下方进行清理或检修时，应将料斗提升至上止点，并必须用保险销锁牢或用保险链挂牢。

10.3.1 木工圆锯机上的旋转锯片必须设置防护罩。

12.1.4 焊割现场及高空焊割作业下方，严禁堆放油类、木材、氧气瓶、乙炔瓶、保温材料等易燃、易爆物品。

12.1.9 对承压状态的压力容器和装有剧毒、易燃、易爆物品的容器，严禁进行焊接或切割作业。

六、《施工现场临时用电安全技术规范》JGJ 46—2005

1.0.3 建筑施工现场临时用电工程专用的电源中性点直接接地

的 220/380V 三相四线制低压电力系统，必须符合下列规定：

 1 采用三级配电系统；

 2 采用 TN-S 接零保护系统；

 3 采用二级漏电保护系统。

3.1.4 临时用电组织设计及变更时，必须履行"编制、审核、批准"程序，由电气工程技术人员组织编制，经相关部门审核及具有法人资格企业的技术负责人批准后实施。变更用电组织设计时应补充有关图纸资料。

3.1.5 临时用电工程必须经编制、审核、批准部门和使用单位共同验收，合格后方可投入使用。

3.3.4 临时用电工程定期检查应按分部、分项工程进行，对安全隐患必须及时处理，并应履行复查验收手续。

5.1.1 在施工现场专用变压器的供电的 TN-S 接零保护系统中，电气设备的金属外壳必须与保护零线连接。保护零线应由工作接地线、配电室（总配电箱）电源侧零线或总漏电保护器电源侧零线处引出（图 5.1.1）。

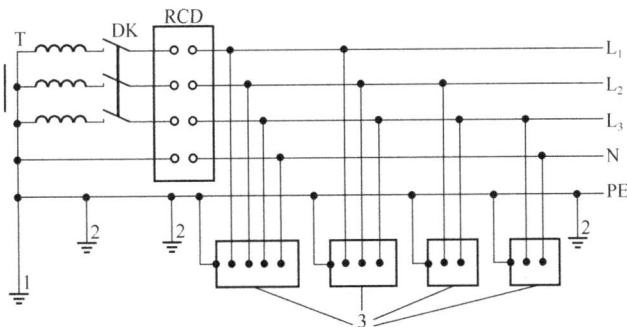

图 5.1.1 专用变压器供电时 TN-S 接零保护系统示意

1—工作接地；2—PE 线重复接地；3—电气设备金属外壳（正常不带电的外露可导电部分）；L_1、L_2、L_3—相线；N—工作零线；PE—保护零线；DK—总电源隔离开关；RCD—总漏电保护器（兼有短路、过载、漏电保护功能的漏电断路器）；T—变压器

5.1.2　当施工现场与外电线路共用同一供电系统时，电气设备的接地、接零保护应与原系统保持一致。不得一部分设备做保护接零，另一部分设备做保护接地。

采用 TN 系统做保护接零时，工作零线（N 线）必须通过总漏电保护器，保护零线（PE 线）必须由电源进线零线重复接地处或总漏电保护器电源侧零线处，引出形成局部 TN-S 接零保护系统（图 5.1.2）。

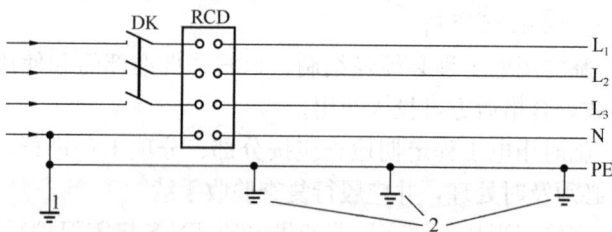

图 5.1.2　三相四线供电时局部 TN-S 接零保护系统保护零线引出示意
1—NPE 线重复接地；2—PE 线重复接地；L_1、L_2、L_3—相线；N—工作零线；PE—保护零线；DK—总电源隔离开关；RCD—总漏电保护器（兼有短路、过载、漏电保护功能的漏电断路器）

5.1.10　PE 线上严禁装设开关或熔断器，严禁通过工作电流，且严禁断线。

5.3.2　TN 系统中的保护零线除必须在配电室或总配电箱处做重复接地外，还必须在配电系统的中间处和末端处做重复接地。

在 TN 系统中，保护零线每一处重复接地装置的接地电阻值不应大于 10Ω。在工作接地电阻值允许达到 10Ω 的电力系统中，所有重复接地的等效电阻值不应大于 10Ω。

5.4.7　做防雷接地机械上的电气设备，所连接的 PE 线必须同时做重复接地，同一台机械电气设备的重复接地和机械的防雷接地可共用同一接地体，但接地电阻应符合重复接地电阻值的要求。

6.1.6　配电柜应装设电源隔离开关及短路、过载、漏电保护电器。电源隔离开关分断时应有明显可见分断点。

6.1.8　配电柜或配电线路停电维修时，应挂接地线，并应悬挂"禁止合闸、有人工作"停电标志牌。停送电必须由专人负责。

6.2.3　发电机组电源必须与外电线路电源连锁，严禁并列运行。

6.2.7　发电机组并列运行时，必须装设同期装置，并在机组同步运行后再向负载供电。

7.2.1　电缆中必须包含全部工作芯线和用作保护零线或保护线的芯线。需要三相四线制配电的电缆线路必须采用五芯电缆。

五芯电缆必须包含淡蓝、绿/黄二种颜色绝缘芯线。淡蓝色芯线必须用作 N 线；绿/黄双色芯线必须用作 PE 线，严禁混用。

7.2.3　电缆线路应采用埋地或架空敷设，严禁沿地面明设，并应避免机械损伤和介质腐蚀。埋地电缆路径应设方位标志。

8.1.3　每台用电设备必须有各自专用的开关箱，严禁用同一个开关箱直接控制 2 台及 2 台以上用电设备（含插座）。

8.1.11　配电箱的电器安装板上必须分设 N 线端子板和 PE 线端子板。N 线端子板必须与金属电器安装板绝缘；PE 线端子板必须与金属电器安装板做电气连接。

进出线中的 N 线必须通过 N 线端子板连接；PE 线必须通过 PE 线端子板连接。

8.2.10　开关箱中漏电保护器的额定漏电动作电流不应大于 30mA，额定漏电动作时间不应大于 0.1s。

使用于潮湿或有腐蚀介质场所的漏电保护器应采用防溅型产品，其额定漏电动作电流不应大于 15mA，额定漏电动作时间不应大于 0.1s。

8.2.11　总配电箱中漏电保护器的额定漏电动作电流应大于 30mA，额定漏电动作时间应大于 0.1s，但其额定漏电动作电流与额定漏电动作时间的乘积不应大于 30mA·s。

8.2.15　配电箱、开关箱的电源进线端严禁采用插头和插座做活动连接。

8.3.4　对配电箱、开关箱进行定期维修、检查时，必须将其前一级相应的电源隔离开关分闸断电，并悬挂"禁止合闸、有人工作"停电标志牌，严禁带电作业。

9.7.3　对混凝土搅拌机、钢筋加工机械、木工机械、盾构机械等设备进行清理、检查、维修时，必须首先将其开关箱分闸断电，呈现可见电源分断点，并关门上锁。

10.2.2　下列特殊场所应使用安全特低电压照明器：

　1　隧道、人防工程、高温、有导电灰尘、比较潮湿或灯具离地面高度低于 2.5m 等场所的照明，电源电压不应大于 36V；

　2　潮湿和易触及带电体场所的照明，电源电压不得大于 24V；

　3　特别潮湿场所、导电良好的地面、锅炉或金属容器内的照明，电源电压不得大于 12V。

10.2.5　照明变压器必须使用双绕组型安全隔离变压器，严禁使用自耦变压器。

10.3.11　对夜间影响飞机或车辆通行的在建工程及机械设备，必须设置醒目的红色信号灯，其电源应设在施工现场总电源开关的前侧，并应设置外电线路停止供电时的应急自备电源。

七、《建筑施工模板安全技术规范》JGJ 162—2008

5.1.6　模板结构构件的长细比应符合下列规定：

　1　受压构件长细比：支架立柱及桁架，不应大于 150；拉条、缀条、斜撑等连系构件，不应大于 200；

　2　受拉构件长细比：钢杆件，不应大于 350；木杆件，不应大于 250。

6.1.9　支撑梁、板的支架立柱构造与安装应符合下列规定：

　1　梁和板的立柱，其纵横向间距应相等或成倍数。

2　木立柱底部应设垫木，顶部应设支撑头。钢管立柱底部应设垫木和底座，顶部应设可调支托，U 形支托与楞梁两侧间如有间隙，必须楔紧，其螺杆伸出钢管顶部不得大于 200mm，螺杆外径与立柱钢管内径的间隙不得大于 3mm，安装时应保证上下同心。

3　在立柱底距地面 200mm 高处，沿纵横水平方向应按纵下横上的程序设扫地杆。可调支托底部的立柱顶端应沿纵横向设置一道水平拉杆。扫地杆与顶部水平拉杆之间的间距，在满足模板设计所确定的水平拉杆步距要求条件下，进行平均分配确定步距后，在每一步距处纵横向应各设一道水平拉杆。当层高在 8~20m 时，在最顶步距两水平拉杆中间应加设一道水平拉杆；当层高大于 20m 时，在最顶两步距水平拉杆中间应分别增加一道水平拉杆。所有水平拉杆的端部均应与四周建筑物顶紧顶牢。无处可顶时，应在水平拉杆端部和中部沿竖向设置连续式剪刀撑。

4　木立柱的扫地杆、水平拉杆、剪刀撑应采用 40mm×50mm 木条或 25mm×80mm 的木板条与木立柱钉牢。钢管立柱的扫地杆、水平拉杆、剪刀撑应采用 ϕ48mm×3.5mm 钢管，用扣件与钢管立柱扣牢。木扫地杆、水平拉杆、剪刀撑应采用搭接，并应采用铁钉钉牢。钢管扫地杆、水平拉杆应采用对接，剪刀撑应采用搭接，搭接长度不得小于 500mm，并应采用 2 个旋转扣件分别在离杆端不小于 100mm 处进行固定。

6.2.4　当采用扣件式钢管作立柱支撑时，其构造与安装应符合下列规定：

1　钢管规格、间距、扣件应符合设计要求。每根立柱底部应设置底座及垫板，垫板厚度不得小于 50mm。

2　钢管支架立柱间距、扫地杆、水平拉杆、剪刀撑的设置应符合本规范第 6.1.9 条的规定。当立柱底部不在同一高度时，高处的纵向扫地杆应向低处延长不少于 2 跨，高低差不得大于 1m，立柱距边坡上方边缘不得小于 0.5m。

3 立柱接长严禁搭接，必须采用对接扣件连接，相邻两立柱的对接接头不得在同步内，且对接接头沿竖向错开的距离不宜小于 500mm，各接头中心距主节点不宜大于步距的 1/3。

4 严禁将上段的钢管立柱与下段钢管立柱错开固定在水平拉杆上。

5 满堂模板和共享空间模板支架立柱，在外侧周圈应设由下至上的竖向连续式剪刀撑；中间在纵横向应每隔 10m 左右设由下至上的竖向连续式剪刀撑，其宽度宜为 4m～6m，并在剪刀撑部位的顶部、扫地杆处设置水平剪刀撑（图 6.2.4-1）。剪刀撑杆件的底端应与地面顶紧，夹角宜为 45°～60°。当建筑层高在 8m～20m 时，除应满足上述规定外，还应在纵横向相邻的两竖向连续式剪刀撑之间增加之字斜撑，在有水平剪刀撑的部位，应在每个剪刀撑中间处增加一道水平剪刀撑（图 6.2.4-2）。当建筑层高超过 20m 时，在满足以上规定的基础上，应将所有之字斜撑全部改为连续式剪刀撑（图 6.2.4-3）。

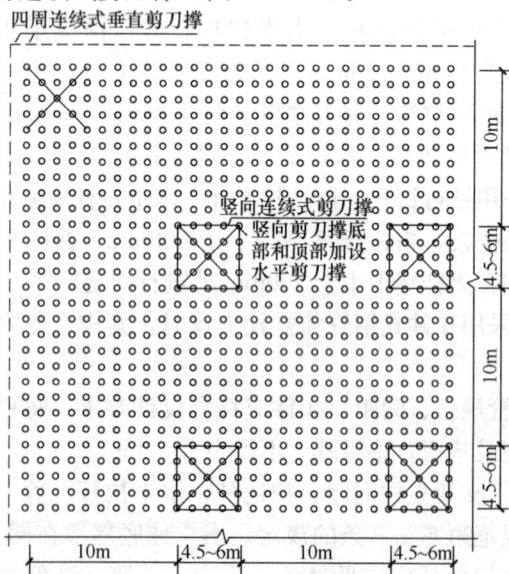

图 6.2.4-1　剪刀撑布置图（一）

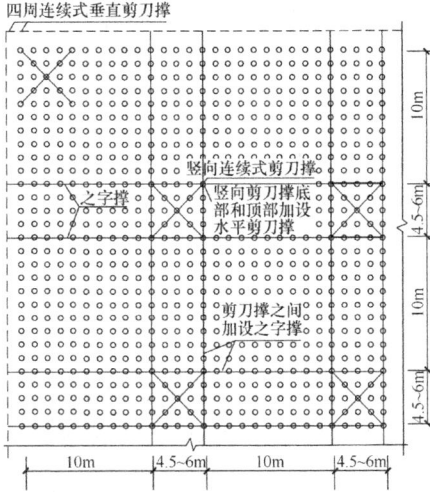

图 6.2.4-2 剪刀撑布置图（二）

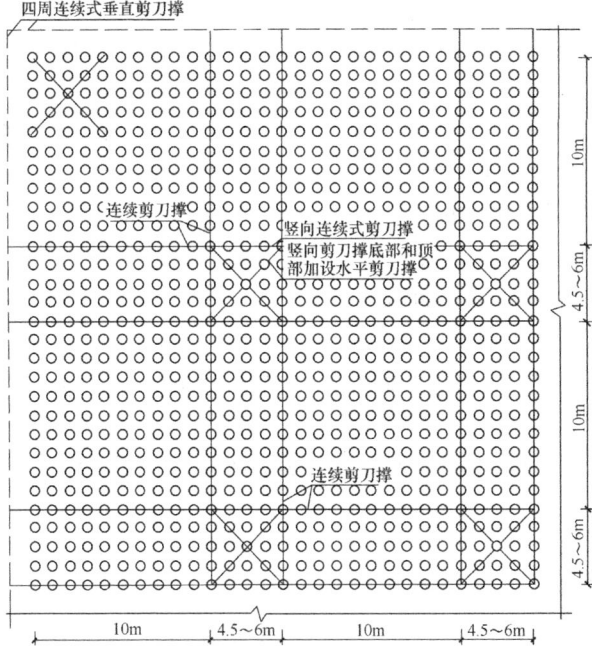

图 6.2.4-3 剪刀撑布置图（三）

6 当支架立柱高度超过 5m 时，应在立柱周围外侧和中间有结构柱的部位，按水平间距 6～9m、竖向距离 2～3m 与建筑结构设置一个固结点。

八、《液压滑动模板施工安全技术规程》JGJ 65—2013

5.0.5 液压系统千斤顶和支承杆应符合下列规定：

1 千斤顶的工作荷载不应大于额定荷载；

2 支承杆应满足强度和稳定性要求；

3 千斤顶应具有防滑移自锁装置。

12.0.7 滑模装置分段安装或拆除时，各分段必须采取固定措施；滑模装置中的支承杆安装或拆除过程必须采取防坠措施。

九、《建筑施工高处作业安全技术规范》JGJ 80—2016

4.1.1 坠落高度基准面 2m 及以上进行临边作业时，应在临空一侧设置防护栏杆，并应采用密目式安全立网或工具式栏板封闭。

4.2.1 洞口作业时，应采取防坠落措施。并应符合下列规定：

1 当竖向洞口短边边长小于 500mm 时，应采取封堵措施；当垂直洞口短边边长大于或等于 500mm 时，应在临空一侧设置高度不小于 1.2m 的防护栏杆，并应采用密目式安全立网或工具式栏板封闭，设置挡脚板；

2 当非竖向洞口短边边长为 25mm～50mm 时，应采用承载力满足使用要求的盖板覆盖，盖板四周搁置应均衡，且应防止盖板移位；

3 当非竖向洞口短边边长为 500mm～1500mm 时，应采用盖板覆盖或防护栏杆等措施，并应固定牢固；

4 当非竖向洞口短边边长大于或等于 1500mm 时，应在洞口作业侧设置高度不小于 1.2m 的防护栏杆，洞口应采用安全平网封闭。

5.2.3 严禁在未固定、无防护设施的构件及管道上进行作业或通行。

6.4.1 悬挑式操作平台设置应符合下列规定：

　　1 操作平台的搁置点、拉结点、支撑点应设置在稳定的主体结构上，且应可靠连接；

　　2 严禁将操作平台设置在临时设施上；

　　3 操作平台的结构应稳定可靠，承载力应符合设计要求。

8.1.2 采用平网防护时，严禁使用密目式安全立网代替平网使用。

十、《龙门架及井架物料提升机安全技术规范》JGJ 88—2010

5.1.5 钢丝绳在卷筒上应整齐排列，端部应与卷筒压紧装置连接牢固。当吊笼处于最低位置时，卷筒上的钢丝绳不应少于3圈。

5.1.7 物料提升机严禁使用摩擦式卷扬机。

6.1.1 当荷载达到额定起重量的90%时，起重量限制器应发出警示信号；当荷载达到额定起重量的110%时，起重量限制器应切断上升主电路电源。

6.1.2 当吊笼提升钢丝绳断绳时，防坠安全器应制停带有额定起重量的吊笼，且不应造成结构损坏。自升平台应采用渐进式防坠安全器。

8.3.2 当物料提升机安装高度大于或等于30m时，不得使用缆风绳。

9.1.1 安装、拆除物料提升机的单位应具备下列条件：

　　1 安装、拆除单位应具有起重机械安拆资质及安全生产许可证；

　　2 安装、拆除作业人员必须经专门培训，取得特种作业资格证。

11.0.2 物料提升机必须由取得特种作业操作证的人员操作。

11.0.3 物料提升机严禁载人。

十一、《建筑施工脚手架安全技术统一标准》GB 51210—2016

8.3.9 支撑脚手架的水平杆应按步距沿纵向和横向通长连续设置，不得缺失。在支撑脚手架立杆底部应设置纵向和横向扫地杆，水平杆和扫地杆应与相邻立杆连接牢固。

9.0.5 作业脚手架连墙件的安装必须符合下列规定：

1 连墙件的安装必须随作业脚手架搭设同步进行，严禁滞后安装；

2 当作业脚手架操作层高出相邻连墙件2个步距及以上时，在上层连墙件安装完毕前，必须采取临时拉结措施。

9.0.8 脚手架的拆除应作业必须符合下列规定：

1 架体的拆除应从上而下逐层进行，严禁上下同时作业；

2 同层杆件和构配件必须按先外后内的顺序拆除；剪刀撑、斜撑杆等加固杆件必须在拆卸至该杆件所在部位时再拆除；

3 作业脚手架连墙件必须随架体逐层拆除，严禁先将连墙件整层或数层拆除后再拆架体。拆除作业过程中，当架体的自由端高度超过2个步距时，必须采取临时拉结措施。

11.2.1 脚手架作业层上的荷载不得超过设计允许荷载。

11.2.2 严禁将支撑脚手架、缆风绳、混凝土输送泵管、卸料平台及大型设备的支承件等固定在作业脚手架上。严禁在作业脚手架上悬挂起重设备。

十二、《建筑施工门式钢管脚手架安全技术规范》JGJ 128—2010

6.1.2 不同型号的门架与配件严禁混合使用。

6.3.1 门式脚手架剪刀撑的设置必须符合下列规定：

1 当门式脚手架搭设高度在24m及以下时，在脚手架的转角处、两端及中间间隔不超过15m的外侧立面必须各设置一道剪刀撑，并应由底至顶连续设置；

2 当脚手架搭设高度超过24m时，在脚手架全外侧立面上必须设置连续剪刀撑；

　　3 对于悬挑脚手架，在脚手架全外侧立面上必须设置连续剪刀撑。

6.5.3 在门式脚手架的转角处或开口型脚手架端部，必须增设连墙件，连墙件的垂直间距不应大于建筑物的层高，且不应大于 4.0m。

6.8.2 门式脚手架与模板支架的搭设场地必须平整坚实，并应符合下列规定：

　　1 回填土应分层回填，逐层夯实；

　　2 场地排水应顺畅，不应有积水。

7.3.4 门式脚手架连墙件的安装必须符合下列规定：

　　1 连墙件的安装必须随脚手架搭设同步进行，严禁滞后安装；

　　2 当脚手架操作层高出相邻连墙件以上两步时，在连墙件安装完毕前必须采用确保脚手架稳定的临时拉结措施。

7.4.2 拆除作业必须符合下列规定：

　　1 架体的拆除应从上而下逐层进行，严禁上下同时作业。

　　2 同一层的构配件和加固杆件必须按先上后下、先外后内的顺序进行拆除。

　　3 连墙件必须随脚手架逐层拆除，严禁先将连墙件整层或数层拆除后再拆架体。拆除作业过程中，当架体的自由高度大于两步时，必须加设临时拉结。

　　4 连接门架的剪刀撑等加固杆件必须在拆卸该门架时拆除。

7.4.5 门架与配件应采用机械或人工运至地面，严禁抛投。

9.0.3 门式脚手架与模板支架作业层上严禁超载。

9.0.4 严禁将模板支架、缆风绳、混凝土泵管、卸料平台等固定在门式脚手架上。

9.0.7 在门式脚手架使用期间，脚手架基础附近严禁进行挖掘作业。

9.0.8 满堂脚手架与模板支架的交叉支撑和加固杆，在施工期间禁止拆除。

9.0.14　在门式脚手架或模板支架上进行电、气焊作业时，必须有防火措施和专人看护。

9.0.16　搭拆门式脚手架或模板支架作业时，必须设置警戒线、警戒标志，并应派专人看守，严禁非作业人员入内。

十三、《建筑施工扣件式钢管脚手架安全技术规范》JGJ 130—2011

3.4.3　可调托撑受压承载力设计值不应小于 40kN，支托板厚不应小于 5mm。

6.2.3　主节点处必须设置一根横向水平杆，用直角扣件扣接且严禁拆除。

6.3.3　脚手架立杆基础不在同一高度上时，必须将高处的纵向扫地杆向低处延长两跨与立杆固定，高低差不应大于 1m。靠边坡上方的立杆轴线到边坡的距离不应小于 500mm（图 6.3.3）。

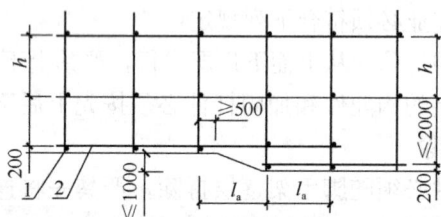

图 6.3.3　纵、横向扫地杆构造
1—横向扫地杆；2—纵向扫地杆

6.3.5　单排、双排与满堂脚手架立杆接长除顶层顶步外，其余各层各步接头必须采用对接扣件连接。

6.4.4　开口型脚手架的两端必须设置连墙件，连墙件的垂直间距不应大于建筑物的层高，并且不应大于 4m。

6.6.3　高度在 24m 及以上的双排脚手架应在外侧全立面连续设置剪刀撑；高度在 24m 以下的单、双排脚手架，均必须在外侧两端、转角及中间间隔不超过 15m 的立面上，各设置一道剪刀撑，并应由底至顶连续设置（图 6.6.3）。

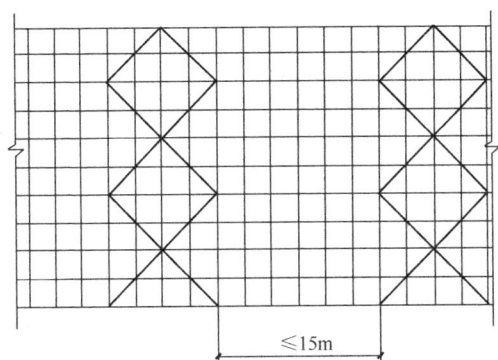

图 6.6.3 高度 24m 以下剪刀撑布置

6.6.5 开口型双排脚手架的两端均必须设置横向斜撑。

7.4.2 单、双排脚手架拆除作业必须由上而下逐层进行，严禁上下同时作业；连墙件必须随脚手架逐层拆除，严禁先将连墙件整层或数层拆除后再拆脚手架；分段拆除高差大于两步时，应增设连墙件加固。

7.4.5 卸料时各构配件严禁抛掷至地面。

8.1.4 扣件进入施工现场应检查产品合格证，并应进行抽样复试，技术性能应符合现行国家标准《钢管脚手架扣件》GB 15831 的规定。扣件在使用前应逐个挑选，有裂缝、变形、螺栓出现滑丝的严禁使用。

9.0.1 扣件式钢管脚手架安装与拆除人员必须是经考核合格的专业架子工。架子工应持证上岗。

9.0.4 钢管上严禁打孔。

9.0.5 作业层上的施工荷载应符合设计要求，不得超载。不得将模板支架、缆风绳、泵送混凝土和砂浆的输送管等固定在架体上；严禁悬挂起重设备，严禁拆除或移动架体上安全防护设施。

9.0.7 满堂支撑架顶部的实际荷载不得超过设计规定。

9.0.13　在脚手架使用期间，严禁拆除下列杆件：

　　1　主节点处的纵、横向水平杆，纵、横向扫地杆；

　　2　连墙件。

9.0.14　当在脚手架使用过程中开挖脚手架基础下的设备基础或管沟时，必须对脚手架采取加固措施。

十四、《建筑施工碗扣式钢管脚手架安全技术规范》JGJ 166—2016

7.4.7　双排脚手架的拆除作业，必须符合下列规定：

　　1　架体拆除应自上而下逐层进行，严禁上下层同时拆除；

　　2　连墙件应随脚手架逐层拆除，严禁先将连墙件整层或数层拆除后再拆除架体；

　　3　拆除作业过程中，当架体的自由端高度大于两步时，必须增设临时拉结件。

9.0.3　脚手架作业层上的施工荷载不得超过设计允许荷载。

9.0.7　严禁将模板支撑架、缆风绳、混凝土输送泵管、卸料平台及大型设备的附着件等固定在双排脚手架上。

9.0.11　脚手架使用期间，严禁擅自拆除架体主节点处的纵向水平杆、横向水平杆、纵向扫地杆、横向扫地杆和连墙件。

十五、《建筑施工承插型盘扣式钢管支架安全技术规程》JGJ 231—2010

3.1.2　插销外表面应与水平杆和斜杆杆端扣接头内表面吻合，插销连接应保证锤击自锁后不拔脱，抗拔力不得小于3kN。

6.1.5　模板支架可调托座伸出顶层水平杆或双槽钢托梁的悬臂长度（图6.1.5）严禁超过650mm，且丝杆外露长度严禁超过400mm，可调托座插入立杆或双槽钢托梁长度不得小于150mm。

9.0.6　严禁在模板支架及脚手架基础开挖深度影响范围内进行挖掘作业。

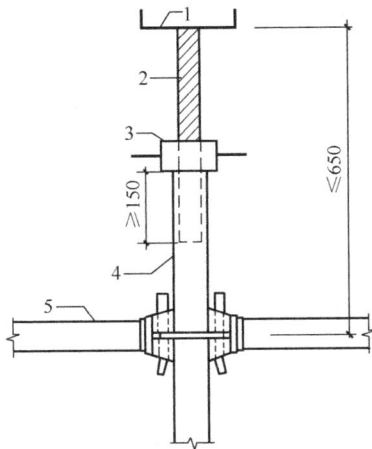

图 6.1.5 带可调托座伸出顶层水平杆的悬壁长度

1—可调托座；2—螺杆；3—调节螺母；

4—立杆；5—水平杆

9.0.7 拆除的支架构件应安全地传递至地面，严禁抛掷。

十六、《建筑施工工具式脚手架安全技术规范》JGJ 202—2010

4.4.2 附着式升降脚手架结构构造的尺寸应符合下列规定：

1 架体高度不得大于 5 倍楼层高；

2 架体宽度不得大于 1.2m；

3 直线布置的架体支承跨度不得大于 7m，折线或曲线布置的架体，相邻两主框架支撑点处的架体外侧距离不得大于 5.4m；

4 架体的水平悬挑长度不得大于 2m，且不得大于跨度的 1/2；

5 架体全高与支承跨度的乘积不得大于 110m²。

4.4.5 附着支承结构应包括附墙支座、悬臂梁及斜拉杆，其构造应符合下列规定：

1 竖向主框架所覆盖的每个楼层处应设置一道附墙支座；

2 在使用工况时，应将竖向主框架固定于附墙支座上；

3 在升降工况时，附墙支座上应设有防倾、导向的结构装置；

4 附墙支座应采用锚固螺栓与建筑物连接，受拉螺栓的螺母不得少于两个或应采用弹簧垫圈加单螺母，螺杆露出螺母端部的长度不应少于3扣，并不得小于10mm，垫板尺寸应由设计确定，且不得小于100mm×100mm×10mm；

5 附墙支座支承在建筑物上连接处混凝土的强度应按设计要求确定，且不得小于C10。

4.4.10 物料平台不得与附着式升降脚手架各部位和各结构构件相连，其荷载应直接传递给建筑工程结构。

4.5.1 附着式升降脚手架必须具有防倾覆、防坠落和同步升降控制的安全装置。

4.5.3 防坠落装置必须符合下列规定：

1 防坠落装置应设置在竖向主框架处并附着在建筑结构上，每一升降点不得少于一个防坠落装置，防坠落装置在使用和升降工况下都必须起作用；

2 防坠落装置必须采用机械式的全自动装置，严禁使用每次升降都需重组的手动装置；

3 防坠落装置技术性能除应满足承载能力要求外，还应符合表4.5.3的规定。

表 4.5.3　防坠落装置技术性能

脚手架类别	制动距离（mm）
整体式升降脚手架	≤80
单片式升降脚手架	≤150

4 防坠落装置应具有防尘、防污染的措施，并应灵敏可靠和运转自如；

5 防坠落装置与升降设备必须分别独立固定在建筑结构上；

6 钢吊杆式防坠落装置，钢吊杆规格应由计算确定，且不应小于ϕ25mm。

5.2.11 悬挂吊篮的支架支撑点处结构的承载能力，应大于所选择吊篮各工况的荷载最大值。

5.4.7 悬挂机构前支架严禁支撑在女儿墙上、女儿墙外或建筑物挑檐边缘。

5.4.10 配重件应稳定可靠地安放在配重架上，并应有防止随意移动的措施。严禁使用破损的配重件或其他替代物。配重件的重量应符合设计规定。

5.4.13 悬挂机构前支架应与支撑面保持垂直，脚轮不得受力。

5.5.8 吊篮内的作业人员不应超过2个。

6.3.1 在提升状况下，三角臂应能绕竖向桁架自由转动；在工作状况下，三角臂与竖向桁架之间应采用定位装置防止三角臂转动。

6.3.4 每一处连墙件应至少有2套杆件，每一套杆件应能够独立承受架体上的全部荷载。

6.5.1 防护架的提升索具应使用现行国家标准《重要用途钢丝绳》GB 8918 规定的钢丝绳。钢丝绳直径不应小于12.5mm。

6.5.7 当防护架提升、下降时，操作人员必须站在建筑物内或相邻的架体上，严禁站在防护架上操作；架体安装完毕前，严禁上人。

6.5.10 防护架在提升时，必须按照"提升一片、固定一片、封闭一片"的原则进行，严禁提前拆除两片以上的架体、分片处的连接杆、立面及底部封闭设施。

6.5.11 在每次防护架提升后，必须逐一检查扣件紧固程度；所有连接扣件拧紧力矩必须达到40N·m～65N·m。

7.0.1 工具式脚手架安装前，应根据工程结构、施工环境等特点编制专项施工方案，并应经总承包单位技术负责人审批、项目总监理工程师审核后实施。

7.0.3 总承包单位必须将工具式脚手架专业工程发包给具有相应资质等级的专业队伍，并应签订专业承包合同，明确总包、分包或租赁等各方的安全生产责任。

8.2.1　高处作业吊篮在使用前必须经过施工、安装、监理等单位的验收，未经验收或验收不合格的吊篮不得使用。

十七、《建筑施工木脚手架安全技术规范》JGJ 164—2008

1.0.3　当选材、材质和构造符合本规范的规定时，脚手架搭设高度应符合下列规定：

　　1　单排架不得超过 20m；

　　2　双排架不得超过 25m，当需超过 25m 时，应按本规范第5 章进行设计计算确定，但增高后的总高度不得超过 30m。

3.1.1　杆件、连墙件应符合下列规定：

　　1　立杆、斜撑、剪刀撑、抛撑应选用剥皮杉木或落叶松。其材质性能应符合现行国家标准《木结构设计规范》GB 50005中规定的承重结构原木Ⅲ$_a$材质等级的质量标准。

　　2　纵向水平杆及连墙件应选用剥皮杉木或落叶松。横向水平杆应选用剥皮杉木或落叶松。其材质性能均应符合现行国家标准《木结构设计规范》GB 50005 中规定的承重结构原木Ⅱ$_a$材质等级的质量标准。

3.1.3　连接用的绑扎材料必须选用 8 号镀锌钢丝或回火钢丝，且不得有锈蚀斑痕；用过的钢丝严禁重复使用。

6.1.2　单排脚手架的搭设不得用于墙厚在 180mm 及以下的砌体土坯和轻质空心砖墙以及砌筑砂浆强度在 M1.0 以下的墙体。

6.1.3　空斗墙上留置脚手眼时，横向水平杆下必须实砌两皮砖。

6.1.4　砖砌体的下列部位不得留置脚手眼：

　　1　砖过梁上与梁成 60°角的三角形范围内；

　　2　砖柱或宽度小于 740mm 的窗间墙；

　　3　梁和梁垫下及其左右各 370mm 的范围内；

　　4　门窗洞口两侧 240mm 和转角处 420mm 的范围内；

　　5　设计图纸上规定不允许留洞眼的部位。

6.2.2　剪刀撑的设置应符合下列规定：

1　单、双排脚手架的外侧均应在架体端部、转折角和中间每隔 15m 的净距内，设置纵向剪刀撑，并应由底至顶连续设置；剪力撑的斜杆应至少覆盖 5 根立杆（图 6.2.2-1a）。斜杆与地面倾角应在 45°～60° 之间。当架长在 30m 以内时，应在外侧立面整个长度和高度上连续设置多跨剪刀撑（图 6.2.2-1b）。

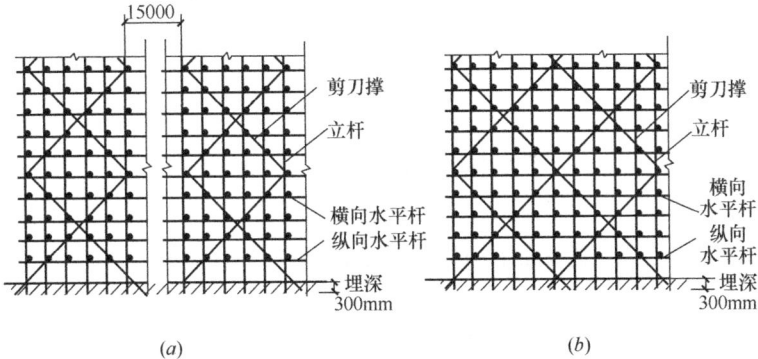

图 6.2.2-1　剪刀撑构造图（一）
(a) 间隔式剪刀撑；(b) 连续式剪刀撑

2　剪刀撑的斜杆的端部应置于立杆与纵、横向水平杆相交节点处，与横向水平杆绑扎应牢固。中部与立杆及纵、横向水平杆各相交处均应绑扎牢固。

3　对不能交圈搭设的单片脚手架，应在两端端部从底到上连续设置横向斜撑，如图 6.2.2-2a。

4　斜撑或剪刀撑的斜杆底端埋入土内深度不得小于 0.3m（图 6.2.2-2b）。

6.2.3　对三步以上的脚手架，应每隔 7 根立杆设置 1 根抛撑，抛撑应进行可靠固定，底端埋深应为 0.2～0.3m。

6.2.4　当脚手架架高超过 7m 时，必须在搭设的同时设置与建筑物牢固连接的连墙件。连墙件的设置应符合下列规定：

1　连墙件应既能抗拉又能承压，除应在第一步架高处设置外，双排架应两步三跨设置一个；单排架应两步两跨设置一个；

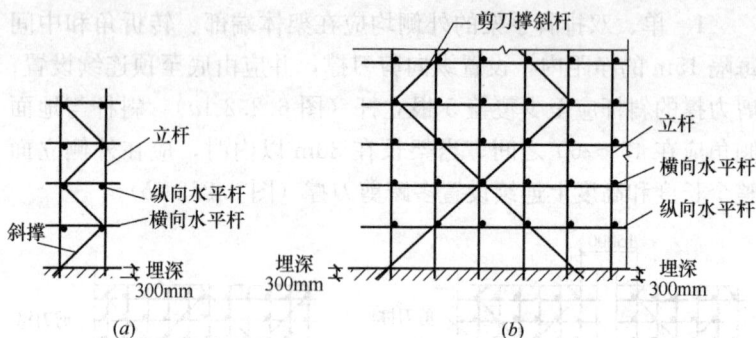

图 6.2.2-2　剪刀撑构造图（二）

(a) 斜撑的埋设；(b) 剪刀撑斜杆的埋设

连墙件应沿整个墙面采用梅花形布置。

2 开口形脚手架，应在两端端部沿竖向每步架设置一个。

3 连墙件应采用预埋件和工具化、定型化的连接构造。

6.2.6 在土质地面挖掘立杆基坑时，坑深应为 0.3~0.5m，并应于埋杆前将坑底夯实，或按计算要求加设垫木。

6.2.7 当双排脚手架搭设立杆时，里外两排立杆距离应相等。杆身沿纵向垂直允许偏差应为架高的 3/1000，且不得大于100mm，并不得向外倾斜。埋杆时，应采用石块卡紧，再分层回填夯实，并应有排水措施。

6.2.8 当立杆底端无法埋地时，立杆在地表面处必须加设扫地杆。横向扫地杆距地表面应为 100mm，其上绑扎纵向扫地杆。

6.3.1 满堂脚手架的构造参数应按表 6.3.1 的规定选用。

表 6.3.1　满堂脚手架的构造参数

用途	控制荷载	立杆纵横间距（m）	纵向水平杆竖向步距（m）	横向水平杆设置	作业层横向水平杆间距（m）	脚手板铺设
装修架	2kN/m²	≤1.2	1.8	每步一道	0.60	满铺、铺稳、铺牢，脚手板下设置大网眼安全网
结构架	3kN/m²	≤1.5	1.4	每步一道	0.75	

8.0.5　上料平台应独立搭设，严禁与脚手架共用杆件。

8.0.8　不得在各种杆件上进行钻孔、刀削和斧砍。每年均应对所使用的脚手板和各种杆件进行外观检查，严禁使用有腐朽、虫蛀、折裂、扭裂和纵向严重裂缝的杆件。

十八、《建筑施工竹脚手架安全技术规范》JGJ 254—2011

3.0.2　严禁搭设单排竹脚手架。双排竹脚手架的搭设高度不得超过 24m，满堂架搭设高度不得超过 15m。

4.2.5　竹杆的绑扎材料严禁重复使用。

6.0.3　拆除竹脚手架时，应符合下列规定：

　　1　拆除作业必须由上而下逐层进行，严禁上下同时作业，严禁斩断或剪断整层绑扎材料后整层滑塌、整层推倒或拉倒；

　　2　连墙件必须随竹脚手架逐层拆除，严禁先将整层或数层连墙件拆除后再拆除架体；分段拆除时高差不应大于 2 步。

6.0.7　拆下的竹脚手架各种杆件、脚手板等材料，应向下传递或用索具吊运至地面，严禁抛掷至地面。

8.0.6　当搭设、拆除竹脚手架时，必须设置警戒线、警戒标志，并应派专人看护，非作业人员严禁入内。

8.0.8　当双排脚手架搭设高度达到三步架高时，应随搭随设连墙件、剪刀撑等杆件，且不得随意拆除。当脚手架下部暂不能设连墙件时应设置抛撑。

8.0.12　在竹脚手架使用期间，严禁拆除下列杆件：

　　1　主节点处的纵、横向水平杆，纵、横向扫地杆；

　　2　顶撑；

　　3　剪刀撑；

　　4　连墙件。

8.0.13　在竹脚手架使用期间，不得在脚手架基础及其邻近处进行挖掘作业。

8.0.14　竹脚手架作业层上严禁超载。

8.0.21　工地应设置足够的消防水源和临时消防系统，竹材堆放处应设置消防设备。

8.0.22 当在竹脚手架上进行电焊、机械切割作业时，必须经过批准且有可靠的安全防火措施，并应设专人监管。

8.0.23 施工现场应有动火审批制度，不应在竹脚手架上进行明火作业。

十九、《液压升降整体脚手架安全技术规程》JGJ 183—2009

3.0.1 液压升降整体脚手架架体及附着支承结构的强度、刚度和稳定性必须符合设计要求，防坠落装置必须灵敏、制动可靠，防倾覆装置必须稳固、安全可靠。

7.1.1 液压升降整体脚手架的每个机位必须设置防坠落装置，防坠落装置的制动距离不得大于 80mm。

7.2.1 液压升降整体脚手架在升降工况下，竖向主框架位置的最上附着支承和最下附着支承之间的最小间距不得小于 2.8mm 或 1/4 架体高度；在使用工况下，竖向主框架位置的最上附着支承和最下附着支承之间的最小间距不得小于 5.6m 或 1/2 架体高度。

二十、《建筑拆除工程安全技术规范》JGJ 147—2016

5.1.1 人工拆除施工应从上至下逐层拆除，并应分段进行，不得垂直交叉作业。当框架结构采用人工拆除施工时，应按楼板、次梁、主梁、结构柱的顺序依次进行。

5.1.2 当进行人工拆除作业时，水平构件上严禁人员聚集或集中堆放物料，作业人员应在稳定的结构或脚手架上操作。

5.1.3 当人工拆除建筑墙体时，严禁采用底部掏掘或推倒的方法。

5.2.2 当采用机械拆除建筑时，应从上至下逐层拆除，并应分段进行；应先拆除非承重结构，再拆除承重结构。

6.0.3 拆除工程施工前，必须对施工作业人员进行书面安全技术交底，且应有记录并签字确认。

二十一、《建筑施工作业劳动防护用品配备及使用标准》JGJ 184—2009

2.0.4 进入施工现场人员必须佩戴安全帽。作业人员必须戴安全帽、穿工作鞋和工作服；应按作业要求正确使用劳动防护用品。在 2m 及以上的无可靠安全防护设施的高处、悬崖和陡坡作业时，必须系挂安全带。

3.0.1 架子工、起重吊装工、信号指挥工的劳动防护用品配备应符合下列规定：

　　1 架子工、塔式起重机操作人员、起重吊装工应配备灵便紧口的工作服、系带防滑鞋和工作手套。

　　2 信号指挥工应配备专用标志服装。在自然强光环境条件作业时，应配备有色防护眼镜。

3.0.2 电工的劳动防护用品配备应符合下列规定：

　　1 维修电工应配备绝缘鞋、绝缘手套和灵便紧口的工作服。

　　2 安装电工应配备手套和防护眼镜。

　　3 高压电气作业时，应配备相应等级的绝缘鞋、绝缘手套和有色防护眼镜。

3.0.3 电焊工、气割工的劳动防护用品配备应符合下列规定：

　　1 电焊工、气割工应配备阻燃防护服、绝缘鞋、鞋盖、电焊手套和焊接防护面罩。在高处作业时，应配备安全帽与面罩连接式焊接防护面罩和阻燃安全带。

　　2 从事清除焊渣作业时，应配备防护眼镜。

　　3 从事磨削钨极作业时，应配备手套、防尘口罩和防护眼镜。

　　4 从事酸碱等腐蚀性作业时，应配备防腐蚀性工作服、耐酸碱胶鞋，戴耐酸碱手套、防护口罩和防护眼镜。

　　5 在密闭环境或通风不良的情况下，应配备送风式防护面罩。

3.0.4 锅炉、压力容器及管道安装工的劳动防护用品配备应符合下列规定：

　　1　锅炉及压力容器安装工、管道安装工应配备紧口工作服和保护足趾安全鞋。在强光环境条件作业时，应配备有色防护眼镜。

　　2　在地下或潮湿场所，应配备紧口工作服、绝缘鞋和绝缘手套。

3.0.5　油漆工在从事涂刷、喷漆作业时，应配备防静电工作服、防静电鞋、防静电手套、防毒口罩和防护眼镜；从事砂纸打磨作业时，应配备防尘口罩和密闭式防护眼镜。

3.0.6　普通工从事淋灰、筛灰作业时，应配备高腰工作鞋、鞋盖、手套和防尘口罩，应配备防护眼镜；从事抬、扛物料作业时，应配备垫肩；从事人工挖扩桩孔孔井下作业时，应配备雨靴、手套和安全绳；从事拆除工程作业时，应配备保护足趾安全鞋、手套。

3.0.10　磨石工应配备紧口工作服、绝缘胶靴、绝缘手套和防尘口罩。

3.0.14　防水工的劳动防护用品配备应符合下列规定：

　　1　从事涂刷作业时，应配备防静电工作服、防静电鞋和鞋盖、防护手套、防毒口罩和防护眼镜。

　　2　从事沥青熔化、运送作业时，应配备防烫工作服、高腰布面胶底防滑鞋和鞋盖、工作帽、耐高温长手套、防毒口罩和防护眼镜。

3.0.17　钳工、铆工、通风工的劳动防护用品配备应符合下列规定：

　　1　从事使用锉刀、刮刀、錾子、扁铲等工具作业时，应配备紧口工作服和防护眼镜。

　　2　从事剔凿作业时，应配备手套和防护眼镜；从事搬抬作业时，应配备保护足趾安全鞋和手套。

　　3　从事石棉、玻璃棉等含尘毒材料作业时，操作人员应配备防异物工作服、防尘口罩、风帽、风镜和薄膜手套。

3.0.19　电梯安装工、起重机械安装拆卸工从事安装、拆卸和维修作业时，应配备紧口工作服、保护足趾安全鞋和手套。

二十二、《建筑施工塔式起重机安装、使用、拆卸安全技术规程》JGJ 196—2010

2.0.3 塔式起重机安装、拆卸作业应配备下列人员：

1 持有安全生产考核合格证书的项目负责人和安全负责人、机械管理人员；

2 具有建筑施工特种作业操作资格证书的建筑起重机械安装拆卸工、起重司机、起重信号工、司索工等特种作业操作人员。

2.0.9 有下列情况之一的塔式起重机严禁使用：

1 国家明令淘汰的产品；

2 超过规定使用年限经评估不合格的产品；

3 不符合国家现行相关标准的产品；

4 没有完整安全技术档案的产品。

2.0.14 当多台塔式起重机在同一施工现场交叉作业时，应编制专项方案，并应采取防碰撞的安全措施。任意两台塔式起重机之间的最小架设距离应符合下列规定：

1 低位塔式起重机的起重臂端部与另一台塔式起重机的塔身之间的距离不得小于 2m；

2 高位塔式起重机的最低位置的部件（或吊钩升至最高点或平衡重的最低部位）与低位塔式起重机中处于最高位置部件之间的垂直距离不得小于 2m。

2.0.16 塔式起重机在安装前和使用过程中，发现有下列情况之一的，不得安装和使用：

1 结构件上有可见裂纹和严重锈蚀的；

2 主要受力构件存在塑性变形的；

3 连接件存在严重磨损和塑性变形的；

4 钢丝绳达到报废标准的；

5 安全装置不齐全或失效的。

3.4.12 塔式起重机的安全装置必须齐全，并应按程序进行调试合格。

3.4.13 连接件及其防松防脱件严禁用其他代用品代用。连接件及其防松防脱件应使用力矩扳手或专用工具紧固连接螺栓。

4.0.2 塔式起重机使用前，应对起重司机、起重信号工、司索工等作业人员进行安全技术交底。

4.0.3 塔式起重机的力矩限制器、重量限制器、变幅限位器、行走限位器、高度限位器等安全保护装置不得随意调整和拆除，严禁用限位装置代替操纵机构。

5.0.7 拆卸时应先降节、后拆除附着装置。

二十三、《建筑施工升降机安装、使用、拆卸安全技术规程》JGJ 215—2010

4.1.6 有下列情况之一的施工升降机不得安装使用：

  1 属国家明令淘汰或禁止使用的；

  2 超过由安全技术标准或制造厂家规定使用年限的；

  3 经检验达不到安全技术标准规定的；

  4 无完整安全技术档案的；

  5 无齐全有效的安全保护装置的。

4.2.10 安装作业时必须将按钮盒或操作盒移至吊笼顶部操作。当导轨架或附墙架上有人员作业时，严禁开动施工升降机。

5.2.2 严禁施工升降机使用超过有效标定期的防坠安全器。

5.2.10 严禁用行程限位开关作为停止运行的控制开关。

5.3.9 严禁在施工升降机运行中进行保养、维修作业。

二十四、《建筑施工起重吊装工程安全技术规范》JGJ 276—2012

3.0.1 起重吊装作业前，必须编制吊装作业的专项施工方案，并应进行安全技术措施交底；作业中，未经技术负责人批准，不得随意更改。

3.0.19 暂停作业中，对吊装作业中未形成稳定体系的部分，必须采取临时固定措施。

3. 0. 23 对临时固定的构件，必须在完成了永久固定，并经检查确认无误后，方可解除临时固定措施。

二十五、《建筑工程施工现场标志设置技术规程》JGJ 348—2014

3. 0. 2 建筑工程施工现场的下列危险部位和场所应设置安全标志：

　　1　通道口、楼梯口、电梯口和孔洞口；

　　2　基坑和基槽外围、管沟和水池边沿；

　　3　高差超过 1.5m 的临边部位；

　　4　爆破、起重、拆除和其他各种危险作业场所；

　　5　爆破物、易燃物、危险气体、危险液体和其他有毒有害危险品存放处；

　　6　临时用电设施；

　　7　施工现场其他可能导致人身伤害的危险部位或场所。

二十六、《建设工程施工现场供用电安全规范》GB 50194—2014

4. 0. 4　发电机组电源必须与其他电源互相闭锁，严禁并列运行。

8. 1. 10　保护导体（PE）上严禁装设开关或熔断器。

8. 1. 12　严禁利用输送可燃液体、可燃气体或爆炸性气体的金属管道作为电气设备的接地保护导体（PE）。

10. 2. 4　严禁利用额定电压 220V 的临时照明灯具作为行灯使用。

10. 2. 7　行灯变压器严禁带入金属容器或金属管道内使用。

11. 2. 3　在易燃、易爆区域内进行用电设备检修或更换工作时，必须断开电源，严禁带电作业。

11. 4. 2　在潮湿环境中严禁带电进行设备检修工作。

二十七、《建筑深基坑工程施工安全技术规范》JGJ 311—2013

5. 4. 5　基坑工程变形监测数据超过报警值，或出现基坑、周边建（构）筑、管线失稳破坏征兆时，应立即停止施工作业，撤离人员，待险情排除后方可恢复施工。

二十八、《城市地下综合管廊运行维护及安全技术标准》GB 51354—2019

1.0.4 综合管廊必须实行 24h 运行维护及安全管理。

6.4.3 天然气管道巡检用设备、防护装备应符合天然气舱室的防爆要求，巡检人员严禁携带火种和非防爆型无线通信设备入廊，并应穿戴防静电服、防静电鞋等。

6.4.6 入廊人员进入天然气舱室前，应进行静电释放，并必须检测舱室内天然气、氧气、一氧化碳、硫化氢等气体浓度，在确认符合安全要求之前不得进入。

6.4.14 天然气管道及附件严禁带气动火作业。

二十九、《湿陷性黄土地区建筑基坑工程安全技术规程》 JGJ 167—2009

3.1.5 对安全等级为一级且易于受水浸湿的坑壁以及永久性坑壁，设计中应采用天然状态下的土性参数进行稳定和变形计算，并应采用饱和状态（$S_r = 85\%$）条件下的参数进行校核；校核时其安全系数不应小于 1.05。

5.1.4 当有下列情况之一时，不应采用坡率法：

    1 放坡开挖对拟建或相邻建（构）筑物及重要管线有不利影响；

    2 不能有效降低地下水位和保持基坑内干作业；

    3 填土较厚或土质松软、饱和，稳定性差；

    4 场地不能满足放坡要求。

5.2.5 基坑侧壁稳定性验算，应考虑垂直裂缝的影响，对于具有垂直张裂隙的黄土基坑，在稳定计算中应考虑裂隙的影响，裂隙深度应采用静止直立高度 $z_0 = \dfrac{2c}{\gamma \sqrt{k_a}}$ 计算。一级基坑安全系数

计算。一级基坑安全系数不得低于 1.30，二、二级基坑安全系数不得低于 1.20。

13.2.4　基坑的上、下部和四周必须设置排水系统，流水坡向明显，不得积水。基坑上部排水沟与基坑边缘的距离应大于 2m，沟底和两侧必须做防渗处理。基坑底部四周应设置排水沟和集水坑。

三十、《建筑施工临时支撑结构技术规范》JGJ 300—2013

7.1.1　支撑结构严禁与起重机械设备、施工脚手架等连接。

7.1.3　支撑结构使用过程中，严禁拆除构配件。

7.7.2　支撑结构作业层上的施工荷载不得超过设计允许荷载。

三十一、《建筑施工升降设备设施检验标准》JGJ 305—2013

3.0.7　严禁使用经检验不合格的建筑施工升降设备设施。

4.2.9　防坠装置与提升设备严禁设置在同一个附墙支承结构上。

4.2.15　附着式脚手架架体上应有防火措施。

5.2.8　安全锁应完好有效，严禁使用超过有效标定期限的安全锁。

6.2.9　吊笼安全停靠装置应为刚性机构，且必须能承担吊笼、物料及作业人员等全部荷载。

7.2.15　严禁使用超过有效标定期限的防坠安全器。

8.2.8　钢丝绳必须设有防脱装置，该装置与滑轮及卷筒轮缘的间距不得大于钢丝绳直径的 20%。

三十二、《施工企业安全生产管理规范》GB 50656—2011

3.0.9　施工企业严禁使用国家明令淘汰的技术、工艺、设备、设施和材料。

5.0.3　施工企业应建立和健全与企业安全生产组织相对应的安全生产责任体系，并应明确各管理层、职能部门、岗位的安全生产责任。

10.0.6　施工企业应根据施工组织设计、专项安全施工方案（措施）编制和审批权限的设置，分级进行安全技术交底，编制人员应参与安全技术交底、验收和检查。

12.0.3　施工企业的工程项目部应根据企业安全生产管理制度，实施施工现场安全生产管理，应包括下列内容：

　　6　确定消防安全责任人，制订用火、用电、使用易燃易爆材料等各项消防安全管理制度和操作规程，设置消防通道、消防水源，配备消防设施和灭火器材，并在施工现场入口处设置明显标志；

15.0.4　施工企业安全检查应配备必要的检查、测试器具，对存在的问题和隐患，应定人、定时间、定措施组织整改，并应跟踪复查直至整改完毕。

三十三、《建筑塔式起重机安全监控系统应用技术规程》JGJ 332—2014

3.1.1　塔机安全监控系统应具有对塔机的起重量、起重力矩、起升高度、幅度、回转角度、运行行程信息进行实时监视和数据存储功能。当塔机有运行危险趋势时，塔机控制回路电源应能自动切断。

3.1.2　在既有塔机升级加装安全监控系统时，严禁损伤塔机受力结构。

3.1.3　在既有塔机升级加装安全监控系统时，不得改变塔机原有安全装置及电气控制系统的功能和性能。

三十四、《城市梁桥拆除工程安全技术规范》CJJ 248—2016

3.0.5　解除梁桥的预应力体系必须保证结构安全。预应力混凝土结构切割、破碎过程中，应采取预应力端头防护措施，轴线方向不得有人；无粘结预应力筋应在相应结构拆除前先行解除预应力。

6.1.3　上部结构拆除过程中应保证剩余结构的稳定。

三十五、《市政架桥机安全使用技术规程》JGJ 266—2011

3.0.1 架桥机应具有特种设备制造许可证、产品合格证、使用说明书、制造监督检验证明和备案证明。

3.0.3 从事架桥机的装拆企业必须具备建设主管部门颁发的起重设备安装工程专业承包资质和施工企业安全生产许可证，架桥机的特种作业人员必须持由国家认可具有培训资格部门签发的操作资格证书上岗。

3.0.5 施工单位应根据工程情况选用架桥机类型，并应制定作业计划、编制架桥机装拆和使用的施工方案。施工方案应通过专家论证，并应经监理单位批准后方可实施。必须严格按施工方案组织施工，不得擅自修改和调整施工方案。

4.4.5 架桥机安装完毕后，使用单位应组织出租、安装、监理等有关单位进行验收，并应委托具有国家认可检验检测资质的机构进行检测，检测后应出具检验报告。架桥机应经验收合格后再投入使用。

三十六、《压型金属板工程应用技术规范》GB 50896—2013

8.3.1 压型金属板围护系统工程施工应符合下列规定：

　　1 施工人员应戴安全帽，穿防护鞋；高空作业应系安全带，穿防滑鞋；

　　2 屋面周边和预留孔洞部位应设置安全护栏和安全网，或其他防止坠落的防护措施；

　　3 雨天、雪天和五级风以上时严禁施工。

三十七、《安全防范工程技术标准》GB 50348—2018

1.0.6 在涉及国家安全、国家秘密的特殊领域开展安全防范工程建设，应按照相关管理要求，严格安全准入机制，选用安全可控的产品设备和符合要求的专业设计、施工和服务队伍。

6.1.3 安全防范工程的设计除应满足系统的安全防范效能外，

还应满足紧急情况下疏散通道人员疏散的需要。

6.1.5　高风险保护对象安全防范工程的设计应结合人防能力配备防护、防御和对抗性设备、设施和装备。

6.3.6(1)　应根据场地条件合理规划周界实体屏障的位置；周界实体屏障的防护面一侧的区域内不应有可供攀爬的物体或设施；

6.3.6(2)　有防爆安全要求的周界实体屏障，应根据爆炸冲击波对防护区域的破坏力和（或）杀伤力，设置有效的安全距离；

6.3.6(4)　有防攀越、防穿越、防拆卸、防破坏、防窥视、防投射物等防护功能的周界实体屏障，其材质、强度、高度、宽度、深度（地面以下）、厚度等应满足防护性能的要求；

6.3.6(5)　穿越周界的河道、涵洞、管廊等孔洞，应采取相应的实体防护措施。

6.3.8(2)　车辆实体屏障应具有减速、吸能、阻停等防护功能；应根据防范车辆的载重、速度及其撞击产生的动能、合理设计车辆实体屏障的高度、结构强度、固定方式和材质材料等，满足相应的防冲撞能力要求；

6.3.8(3)　有防爆安全要求的车辆实体屏障，应设置有效的安全距离；

6.3.11(1)　根据安全防范管理要求，应合理设计建（构）筑物场地道路的安全距离、线形和行进路线；应利用场地和景观形成缓冲区、隔离带、障碍等，发挥场地与景观的实体防护功能；

6.3.11(3)　具有易燃、易爆、有毒、放射性等特性的保护目标，其存放场所或独立建（构）筑物应设置在隐蔽和远离人群的位置。

6.3.12(3)　有防爆炸要求时，建筑物墙体应进行防爆结构设计；有保密要求的场所，应进行信息屏蔽、防窃听窃视设计；

6.3.12(4)　建（构）筑物的洞口、管沟、管廊、吊顶、风管、桥架、管道等空间尺寸能够容纳防范对象隐蔽进入时，应采用实体屏障或实体构件进行封闭和阻挡。

6.3.13(2)　有防盗要求时，保护目标所在的部位或区域应按照国家现行标准采用相应安全级别的防盗安全门和相应防护能力的防盗窗；

6.3.13(3) 有防爆炸和（或）防弹和（或）防砸要求时，保护目标的门窗应采用具有相应防护能力的材料和结构；选用的防爆炸和（或）防弹和（或）防砸玻璃等材料应符合国家现行标准中相应安全级别的规定；

6.3.13(4) 金库等特殊保护目标库房的总库门应采用具有防破坏、防火、防水等相应能力的安全门。

6.4.3(2) 入侵和紧急报警系统应能准确、及时地探测入侵行为或触发紧急报警装置，并发出入侵报警信号或紧急报警信号。

6.4.3(3) 当下列设备被替换或外壳被打开时，入侵和紧急报警系统应能发出防拆信号：

　　1）控制指示设备、告警装置；

　　2）安全等级 2、3、4 级的入侵探测器；

　　3）安全等级 3、4 级的接线盒。

6.4.3(4) 当报警信号传输被断路/短路、探测器电源线被切断、系统设备出现故障时，控制指示设备应发出声、光报警信号。

6.4.3(5) 应能按时间、区域、部位，对全部或部分探测防区（回路）的瞬时防区、24h 防区、延时防区、设防、撤防、旁路、传输、告警、胁迫报警等功能进行设置。应能对系统用户权限进行设置。

6.4.3(6) 系统用户应能根据权限类别不同，按时间、区域、部位对全部或部分探测防区进行自动或手动设防、撤防、旁路等操作，并应能实现胁迫报警操作。

6.4.3(7) 系统应能对入侵、紧急、防拆、故障等报警信号来源、控制指示设备以及远程信息传输工作状态有明显清晰的指示。

6.4.3(8) 当系统出现入侵、紧急、防拆、故障、胁迫等报警状态和非法操作时，系统应能根据不同需要在现场和（或）监控中心发出声、光报警通告。

6.4.3(14)　入侵和紧急报警系统不得有漏报警，误报警率应符合设计任务书和（或）工程合同书的要求。

6.4.5(1)　视频采集设备的监控范围应有效覆盖被保护部位、区域或目标，监视效果应满足场景和目标特征识别的不同需求。视频采集设备的灵敏度和动态范围应满足现场图像采集的要求。

6.4.5(2)　系统的传输装置应从传输信道的衰耗、带宽、信噪比，误码码率、时延、时延抖动等方面，确保视频图像信息和其他相关信息在前端采集设备到显示设备、存储设备等各设备之间的安全有效及时传递。视频传输应支持对同一视频资源的信号分配或数据分发的能力。

6.4.5(3)　系统应具备按照授权时切换调度指定视频信号到指定终端的能力。

6.4.5(4)　系统应具备按照授权对选定的前端视频采集设备进行PTZ实时控制和（或）工作参数调整的能力。

6.4.5(5)　系统应能实时显示系统内的所有视频图像，系统图像质量应满足安全管理要求。声音的展示应满足辨识需要。显示的图像和展示的声音应具有原始完整性。

6.4.5(7)　防范恐怖袭击重点目标的视频图像信息保存期限不应少于90d，其他目标的视频图像信息保存期限不应少于30d。

6.4.5(10)　系统应具有用户权限管理、操作与运行日志管理、设备管理和自我诊断等功能。

6.4.7(8)　出入口控制系统应根据安全等级的要求，采用相应自我保护措施和配置。位于对应受控区、同权限受控区或高权限受控区域以外的部件应具有防篡改/防撬/防拆保护措施。

6.4.7(11)　系统不应禁止由其他紧急系统（如火灾等）授权自由出入的功能。系统必须满足紧急逃生时人员疏散的相关要求。当通向疏散通道方向为防护面时，系统必须与火灾报警系统及其他紧急疏散系统联动，当发生火警或需紧急疏散时，人员应能不用进行凭证识读操作即可安全通过。

6.4.7(13)　当系统与其他业务系统共用凭证或其介质构成"一

卡通"的应用模式时，出入口控制系统应独立设置与管理。

6.4.9(5) 系统应能对车辆的识读过程提供现场指示；当停车库（场）出入口装置处于被非授权开启、故障等状态时，系统应能根据不同需要向现场、监控中心发出可视频和（或）可听的通告或警示。

6.4.10(1) 系统应能对进入保护单位或区域的人员和（或）物品和（或）车辆进行安全检查，对规定的爆炸物、武器和（或）其他违禁品进行实时、有效的探测、显示、记录和报警。

6.4.10(3) 系统探测时产生的辐射剂量不应对被检人员和物品产生伤害，不应引起爆炸物起爆。系统探测时泄漏的辐射剂量不应对非被检人员和环境造成伤害。

6.4.10(4) 成像式人体安全检查设备的显示图像应具有人体隐私保护功能。

6.4.10(9) 应配备防爆处置、防护设施。防护设施应安全受控，便于取用。

6.4.12(5) 当系统受控门开启时间超过预设时长、访客呼叫机防拆开关被触发时，应有现场告警提示信息；具有高安全需求的系统还应向管理中心发送告警信息；

6.4.12(9) 除已采取了可靠的安全管控措施外，不应利用无线扩展终端控制开启入户门锁以及进行报警控制管理。

6.6.2(1) 系统所用设备及其安装部件的机械结构应有足够的强度，应能防止由于机械重心不稳、安装固定不牢、突出物和锐利边缘以及显示设备爆裂等造成对人员的伤害；

6.6.2(2) 系统所用设备所产生的气体、X射线、激光辐射和电磁辐射等应符合国家相关标准的要求，不能损害人体健康；

6.6.2(3) 系统和设备应有防人身触电、防火、防过热的保护措施；

6.6.4(3) 应有防病毒和防网络入侵的措施；

6.6.4(5) 系统运行的密钥或编码不应是弱口令，用户名和操作密码组合应不同；

6.6.4(6)　当基于不同传输网络的系统和设备联网时，应采取相应的网络边界安全管理措施；

6.6.5(1)　入侵和紧急报警系统应具备防拆、断路、短路报警功能；

6.6.5(3)　系统供电暂时中断恢复供电后，系统应能自动恢复原有工作状态，该功能应能人工设定；

6.12.4(3)　安全等级4级的出入口控制点执行装置为断电开启的设备时，在满负荷状态下，备用电源应能确保该执行装置正常运行不应小于72h。

6.13.1(4)　高风险保护对象的安全防范工程应采用专用传输网络〔专线和（或）虚拟专用网〕。

6.13.3(2)　无线发射装置、接收装置的发身频率、功率应符合国家无线电管理的有关规定；

6.13.4(4)　监控中心的值守区与设备区为两个独立物理区域且不相邻时，两个区域之间的传输线缆应封闭保护，其保护结构的抗拉伸、抗弯折强度不应低于镀锌钢管。

6.13.4(5)　来自高风险区域的线缆路由经过低风险区域时，应采取必要的防护措施。

6.13.4(6)　出入口执行部分的输入线缆在该出入口的对应受控区、同权限受控区、高权限受控区以外的部分应封闭保护，其保护结构的抗拉伸、抗弯折强度不应低于镀锌钢管。

6.14.2(1)　监控中心应有保证自身安全的防护措施和进行内外联络的通信手段，并应设置紧急报警装置和留有向上一级接处警中心报警的通信接口；

6.14.2(2)　监控中心出入口应设置视频监控和出入口控制装置；监视效果应能清晰显示监控中心出入口外部区域的人员特征及活动情况；

6.14.2(3)　监控中心内应设置视频监控装置，监视效果应能清晰显示监控中心内人员活动的情况；

6.14.2(4)　应对设置在监控中心的出入口控制系统管理主机、

网络接口设备、网络线缆等采取强化保护措施；

6.14.3(2) 监控中心的疏散门应采用外开方式，且应自动关闭，并应保证在任何情况下均能从室内开启；

7.2.4(3) 线缆接续点和终端应进行统一编号、设置永久标识，线缆两端、检修孔等位置应设置标签。

7.2.4(5) 多芯电缆的弯曲半径应大于其外径的 6 倍，同轴电缆的弯曲半径应大于其外径的 15 倍，4 对型网络数据电缆的弯曲半径应大于其外径的 4 倍，光缆的弯曲半径应大于光缆外径的 10 倍。

7.2.4(12) 在研制、生产、使用、储存、经营和运输过程中可能出现易燃易爆的特殊环境，应按现行国家标准的有关规定，进行危险源辨识，根据其规定的危险场所分类，采用相对应的材料，保持安全距离，合理规划管线敷设的位置，严格遵守所规定的施工工艺方法。

9.1.3 工程检验所使用的仪器、仪表必须经检定或校准合格，且检定或校准数据范围应满足检验项目的范围和精度的要求。

11.1.5 系统运行与维护工作应落实保密责任与措施。

11.1.6 系统运行与维护人员应经培训和考核合格后上岗。

11.2.7 同时接入监控中心和公安机关接警中心的紧急报警、监控中心值机人员应核实公安机关是否收到报警信息。

第五篇　技　　术

第一章 地 下 工 程

一、《地下工程防水技术规范》GB 50108—2008

3.1.4 地下工程迎水面主体结构应采用防水混凝土，并应根据防水等级的要求采取其他防水措施。

3.2.1 地下工程的防水等级应分为四级，各等级防水标准应符合表 3.2.1 的规定。

表 3.2.1 地下工程防水标准

防水等级	防 水 标 准
一级	不允许渗水，结构表面无湿渍
二级	不允许漏水，结构表面可有少量湿渍； 工业与民用建筑：总湿渍面积不应大于总防水面积（包括顶板、墙面、地面）的 1/1000；任意 100m² 防水面积上的湿渍不超过 2 处，单个湿渍的最大面积不大于 0.1m²； 其他地下工程：总湿渍面积不应大于总防水面积的 2/1000；任意 100m² 防水面积上的湿渍不超过 3 处，单个湿渍的最大面积不大于 0.2m²；其中，隧道工程还要求平均渗水量不大于 0.05L/(m²·d)，任意 100m² 防水面积上的渗水量不大于 0.15L/(m²·d)
三级	有少量漏水点，不得有线流和漏泥砂； 任意 100m² 防水面积上的漏水或湿渍点数不超过 7 处，单个漏水点的最大漏水量不大于 2.5L/d，单个湿渍的最大面积不大于 0.3m²
四级	有漏水点，不得有线流和漏泥砂； 整个工程平均漏水量不大于 2L/(m²·d)；任意 100m² 防水面积上的平均漏水量不大于 4L/(m²·d)

3.2.2 地下工程不同防水等级的适用范围，应根据工程的重要性和使用中对防水的要求按表 3.2.2 选定。

表 3.2.2 不同防水等级的适用范围

防水等级	适 用 范 围
一级	人员长期停留的场所；因有少量湿渍会使物品变质、失效的贮物场所及严重影响设备正常运转和危及工程安全运营的部位；极重要的战备工程、地铁车站
二级	人员经常活动的场所；在有少量湿渍的情况下不会使物品变质、失效的贮物场所及基本不影响设备正常运转和工程安全运营的部位；重要的战备工程
三级	人员临时活动的场所；一般战备工程
四级	对渗漏水无严格要求的工程

4.1.22 防水混凝土拌合物在运输后如出现离析，必须进行二次搅拌。当坍落度损失后不能满足施工要求时，应加入原水胶比的水泥浆或掺加同品种的减水剂进行搅拌，严禁直接加水。

4.1.26 施工缝的施工应符合下列规定：

　　1 水平施工缝浇筑混凝土前，应将其表面浮浆和杂物清除，然后铺设净浆或涂刷混凝土界面处理剂、水泥基渗透结晶型防水涂料等材料，再铺 30～50mm 厚的 1：1 水泥砂浆，并应及时浇筑混凝土；

　　2 垂直施工缝浇筑混凝土前，应将其表面清理干净，再涂刷混凝土界面处理剂或水泥基渗透结晶型防水涂料，并应及时浇筑混凝土；

5.1.3 变形缝处混凝土结构的厚度不应小于 300mm。

二、《地下建筑工程逆作法技术规程》JGJ 165—2010

3.0.4 地下建筑工程逆作法施工必须设围护结构，其主体结构的水平构件应作为围护结构的水平支撑；当围护结构为永久性承重外墙时，应选择与主体结构沉降相适应的岩土层作为排桩或地下连续墙的持力层。

3.0.5 逆作法施工应全过程监测。

5.1.3 地下建筑工程逆作法结构设计应根据结构破坏可能产生

的后果，采用不同的安全等级及结构的重要性系数，并应符合下列规定：

1 施工期间临时结构的安全等级和重要性系数应符合表 5.1.3规定。

表 5.1.3　临时结构的安全等级和重要性系数

安全等级	破坏后果	r_0
一级	支护结构破坏、土体变形对基坑周边环境及地下结构施工影响严重	1.1
二级	支护结构破坏、土体变形对基坑周边环境及地下结构施工影响一般	1.0
三级	支护结构破坏、土体变形对基坑周边环境及地下结构施工影响不严重	0.9

2 当支承结构作为永久结构时，其结构安全等级和重要性系数不得小于地下结构安全等级和重要性系数。

3 支承结构安全等级和重要性系数应按施工与使用两个阶段选用较高的结构安全等级和重要性系数。

4 当地下逆作结构的部分构件只作为临时结构构件的一部分时，应按临时结构的安全等级及结构的重要性系数取用。当形成最终永久结构的构件时，应按永久结构的安全等级及结构的重要性系数取用。

6.5.5 土方开挖时应根据柱网轴线和实际情况设置足够通风口及地下通风、换气、照明和用电设备。

6.6.3 当水平结构作为周边围护结构的水平支承时，其后浇带处应按设计要求设置传力构件。

三、《城市地下管线探测技术规程》CJJ 61—2017

3.0.15 地下管线探测作业应采取安全保护措施，并应符合下列规定：

1 打开窨井盖进行实地调查作业时，应在井口周围设置安全防护围栏，并指定专人看管；夜间作业时，应在作业区域周边显著位置设置安全警示灯，地面作业人员应穿着高可视性警示服；作业完毕，应立即盖好窨井盖；

2 在井下作业调查或施放探头、电极导线时，严禁使用明火，并应进行有害、有毒及可燃气体的浓度测定；超标的管道应采用安全保护措施后方能作业；

3 严禁在氧气、燃气、乙炔等助燃、易燃、易爆管道上作充电点，进行直接法或充电法作业；严禁在塑料管道和燃气管道使用钎探；

4 使用的探测仪器工作电压超过 36V 时，作业人员应使用绝缘防护用品；接地电极附近应设置明显警告标志，并应指定专人看管；井下作业的所有探测设备外壳必须接地。

四、《建筑与市政工程地下水控制技术规范》JGJ 111—2016

3.1.9 地下水控制工程不得恶化地下水水质，导致水质产生类别上的变化。

五、《城市地下水动态观测规程》CJJ 76—2012

1.0.3 城市地下水动态观测网应纳入城市规划，并结合城市发展情况予以实施。利用地下水作为城市供水水源、有地下空间开发规划和有海水入侵、海平面上升、滑坡、岩溶塌陷、地面沉降等灾害影响的城市，均应进行地下水动态观测。

第二章　屋　面　工　程

一、《屋面工程技术规范》GB 50345—2012

3.0.5　屋面防水工程应根据建筑物的类别、重要程度、使用功能要求确定防水等级，并应按相应等级进行防水设防；对防水有特殊要求的建筑屋面，应进行专项防水设计。屋面防水等级和设防要求应符合表 3.0.5 的规定。

表 3.0.5　屋面防水等级和设防要求

防水等级	建筑类别	设防要求
Ⅰ级	重要建筑和高层建筑	两道防水设防
Ⅱ级	一般建筑	一道防水设防

4.5.1　卷材、涂膜屋面防水等级和防水做法应符合表 4.5.1 的规定。

表 4.5.1　卷材、涂膜屋面防水等级和防水做法

防水等级	防　水　做　法
Ⅰ级	卷材防水层和卷材防水层、卷材防水层和涂膜防水层、复合防水层
Ⅱ级	卷材防水层、涂膜防水层、复合防水层

注：在Ⅰ级屋面防水做法中，防水层仅作单层卷材时，应符合有关单层防水卷材屋面技术的规定。

4.5.5　每道卷材防水层最小厚度应符合表 4.5.5 的规定。

表 4.5.5　每道卷材防水层最小厚度（mm）

防水等级	合成高分子防水卷材	高聚物改性沥青防水卷材		
		聚酯胎、玻纤胎、聚乙烯胎	自粘聚酯胎	自粘无胎
Ⅰ级	1.2	3.0	2.0	1.5
Ⅱ级	1.5	4.0	3.0	2.0

4.5.6 每道涂膜防水层最小厚度应符合表4.5.6的规定。

表4.5.6　每道涂膜防水层最小厚度（mm）

防水等级	合成高分子防水涂膜	聚合物水泥防水涂膜	高聚物改性沥青防水涂膜
Ⅰ级	1.5	1.5	2.0
Ⅱ级	2.0	2.0	3.0

4.5.7 复合防水层最小厚度应符合表4.5.7的规定。

表4.5.7　复合防水层最小厚度（mm）

防水等级	合成高分子防水卷材＋合成高分子防水涂膜	自粘聚合物改性沥青防水卷材（无胎）＋合成高分子防水涂膜	高聚物改性沥青防水卷材＋高聚物改性沥青防水涂膜	聚乙烯丙纶卷材＋聚合物水泥防水胶结材料
Ⅰ级	1.2＋1.5	1.5＋1.5	3.0＋2.0	(0.7＋1.3)×2
Ⅱ级	1.0＋1.0	1.2＋1.0	3.0＋1.2	0.7＋1.3

4.8.1 瓦屋面防水等级和防水做法应符合表4.8.1的规定。

表4.8.1　瓦屋面防水等级和防水做法

防水等级	防水做法
Ⅰ级	瓦＋防水层
Ⅱ级	瓦＋防水垫层

注：防水层厚度应符合本规范第4.5.5条或第4.5.6条Ⅱ级防水的规定。

4.9.1 金属板屋面防水等级和防水做法应符合表4.9.1的规定。

表4.9.1　金属板屋面防水等级和防水做法

防水等级	防水做法
Ⅰ级	压型金属板＋防水垫层
Ⅱ级	压型金属板、金属面绝热夹芯板

注：1　当防水等级为Ⅰ级时，压型铝合金板基板厚度不应小于0.9mm；压型钢板基板厚度不应小于0.6mm；

2　当防水等级为Ⅰ级时，压型金属板应采用360°咬口锁边连接方式；

3　在Ⅰ级屋面防水做法中，仅作压型金属板时，应符合《金属压型板应用技术规范》等相关技术的规定。

5.1.6 屋面工程施工必须符合下列安全规定：

1 严禁在雨天、雪天和五级风及其以上时施工；

2 屋面周边和预留孔洞部位，必须按临边、洞口防护规定设置安全护栏和安全网；

3 屋面坡度大于30％时，应采取防滑措施；

4 施工人员应穿防滑鞋，特殊情况下无可靠安全措施时，操作人员必须系好安全带并扣好保险钩。

二、《坡屋面工程技术规范》GB 50693—2011

3.2.10 屋面坡度大于100％以及大风和抗震设防烈度为7度以上的地区，应采取加强瓦材固定等防止瓦材下滑的措施。

3.2.17 严寒和寒冷地区的坡屋面檐口部位应采取防冰雪融坠的安全措施。

3.3.12 坡屋面工程施工应符合下列规定：

1 屋面周边和预留孔洞部位必须设置安全护栏和安全网或其他防止坠落的防护措施；

2 屋面坡度大于30％时，应采取防滑措施；

3 施工人员应戴安全帽，系安全带和穿防滑鞋；

4 雨天、雪天和五级风及以上时不得施工；

5 施工现场应设置消防设施，并应加强火源管理。

10.2.1 单层防水卷材的厚度和搭接宽度应符合表10.2.1-1和表10.2.1-2的规定：

表 10.2.1-1 单层防水卷材厚度（mm）

防水卷材名称	一级防水厚度	二级防水厚度
高分子防水卷材	≥1.5	≥1.2
弹性体、塑性体改性沥青防水卷材	≥5	

表 10. 2. 1-2 单层防水卷材搭接宽度（mm）

防水卷材名称	满粘法	长边、短边搭接方式			
		机械固定法			
		热风焊接		搭接胶带	
		无覆盖机械固定垫片	有覆盖机械固定垫片	无覆盖机械固定垫片	有覆盖机械固定垫片
高分子防水卷材	≥80	≥80 且有效焊缝宽度≥25	≥120 且有效焊缝宽度≥25	≥120 且有效粘结宽度≥75	≥200 且有效粘结宽度≥150
弹性体、塑性体改性沥青防水卷材	≥100	≥80 且有效焊缝宽度≥40	≥120 且有效焊缝宽度≥40	—	

三、《种植屋面工程技术规程》JGJ 155—2013

3.2.3 种植屋面工程结构设计时应计算种植荷载。既有建筑屋面改造为种植屋面前，应对原结构进行鉴定。

5.1.7 种植屋面防水层应满足一级防水等级设防要求，且必须至少设置一道具有耐根穿刺性能的防水材料。

四、《倒置式屋面工程技术规程》JGJ 230—2010

3.0.1 倒置式屋面工程的防水等级应为 I 级，防水层合理使用年限不得少于 20 年。

4.3.1 保温材料的性能应符合下列规定：

    1 导热系数不应大于 0.080W/(m·K)；

    2 使用寿命应满足设计要求；

    3 压缩强度或抗压强度不应小于 150kPa；

    4 体积吸水率不应大于 3%；

    5 对于屋顶基层采用耐火极限不小于 1.00h 的不燃烧体的建筑，其屋顶保温材料的燃烧性能不应低于 B_2 级；其他情况，保温材料的燃烧性能不应低于 B₁ 级。

5.2.5 倒置式屋面保温层的设计厚度应按计算厚度增加 25％取值，且最小厚度不得小于 25mm。

7.2.1 既有建筑倒置式屋面改造工程设计，应由原设计单位或具备相应资质的设计单位承担。当增加屋面荷载或改变使用功能时，应先做设计方案或评估报告。

五、《采光顶与金属屋面技术规程》JGJ 255—2012

3.1.6 采光顶与金属屋面工程的隔热、保温材料，应采用不燃性或难燃性材料。

4.5.1 有热工性能要求时，公共建筑金属屋面的传热系数和采光顶的传热系数、遮阳系数应符合表 4.5.1-1 的规定，居住建筑金属屋面的传热系数应符合表 4.5.1-2 的规定。

表 4.5.1-1　公共建筑金属屋面传热系数和采光顶的
传热系数、遮阳系数限值

围护结构	区　域	传热系数 $[W/(m^2 \cdot K)]$		遮阳系数 SC
		体型系数≤0.3	0.3≤体型系数≤0.4	
金属屋面	严寒地区 A 区	≤0.35	≤0.30	—
	严寒地区 B 区	≤0.45	≤0.35	—
	寒冷地区	≤0.55	≤0.45	—
	夏热冬冷	≤0.7		—
	夏热冬暖	≤0.9		—
采光顶	严寒地区 A 区	≤2.5		—
	严寒地区 B 区	≤2.6		—
	寒冷地区	≤2.7		≤0.50
	夏热冬冷	≤3.0		≤0.40
	夏热冬暖	≤3.5		≤0.35

表 4.5.1-2　居住建筑金属屋面传热系数限值

区域	传热系数［W/(m²·K)］						
	3层及 3层以下	3层以上	体型系数≤0.4		体型系数>0.4		D<2.5	D≥2.5
			D≤2.5	D>2.5	D≤2.5	D>2.5		
严寒地区A区	0.20	0.25	—	—	—	—	—	—
严寒地区B区	0.25	0.30	—	—	—	—	—	—
严寒地区C区	0.30	0.40	—	—	—	—	—	—
寒冷地区A区 寒冷地区B区	0.35	0.45	—	—	—	—	—	—
夏热冬冷	—	—	≤0.8	≤1.0	≤0.5	≤0.6	—	—
夏热冬暖	—	—	—	—	—	—	≤0.5	≤1.0

注：D为热惰性系数

4.6.4　光伏组件应具有带电警告标识及相应的电气安全防护措施，在人员有可能接触或接近光伏系统的位置，应设置防触电警示标识。

六、《建筑屋面雨水排水系统技术规程》CJJ 142—2014

3.1.2　建筑屋面雨水积水深度应控制在允许的负荷水深之内，50年设计重现期降雨时屋面积水不得超过允许的负荷水深。

3.1.9　建筑屋面雨水排水系统应独立设置。

3.4.5　民用建筑雨水内排水应采用密闭系统，不得在建筑内或阳台上开口，且不得在室内设非密闭检查井。

第三章 模板与脚手架工程

一、《租赁模板脚手架维修保养技术规范》GB 50829—2013

3.3.10 外表面锈蚀深度大于 0.18mm 或产生塑性变形的钢管，必须报废。

4.1.8 施工现场拆除后的大模板应按现行行业标准《建筑工程大模板技术规程》JGJ 74 的要求堆放，高架堆放时，堆放架必须进行专项设计。

4.3.8 吊环维修必须符合下列要求：

1 吊环必须全数检查和维修。

2 装配式吊环连接螺栓必须每次更换，并应用双螺母紧固。

3 模板维修时，不应对吊环截面、安装位置及连接螺栓进行任意代换。

4.4.5 吊环存在下列情况之一时必须报废：

1 吊环出现裂纹。

2 截面损失大于或等于 3%。

3 吊环使用年限超过 3 年。

8.4.2 维修后扣件质量应符合下列要求：

1 各部位严禁有裂纹。

2 T 形螺栓长度应为 72mm±0.5mm；螺母对边宽度应为 22mm±0.5mm；螺母厚度应为 14mm±0.5mm。

3 铆钉直径应为 8mm±0.5mm；铆接头应大于铆孔直径 1mm。

4 旋转扣件中心铆钉直径应为 14mm±0.5mm。

5 盖板和座的张开距离应大于或等于 50mm，当钢管公称外径为 51mm 时，盖板与座的张开距离应大于或等于 55mm。

二、《建筑工程大模板技术规程》JGJ 74—2003

3.0.2 组成大模板各系统之间的连接必须安全可靠。

3.0.4 大模板的支撑系统应能保持大模板竖向放置的安全可靠和在风荷载作用下的自身稳定性。地脚调整螺栓长度应满足调节模板安装垂直度和调整自稳角的需要，地脚调整装置应便于调整，转动灵活。

3.0.5 大模板钢吊环应采用 Q235A 材料制作并应具有足够的安全储备，严禁使用冷加工钢筋。焊接式钢吊环应合理选择焊条型号，焊缝长度和焊缝高度应符合设计要求；装配式吊环与大模板采用螺栓连接时必须采用双螺母。

4.2.1 配板设计应遵循下列原则：

　　3 大模板的重量必须满足现场起重设备能力的要求；

6.1.6 吊装大模板时应设专人指挥，模板起吊应平稳，不得偏斜和大幅度摆动。操作人员必须站在安全可靠处，严禁人员随同大模板一同起吊。

6.1.7 吊装大模板必须采用带卡环吊钩。当风力超过 5 级时应停止吊装作业。

6.5.1 大模板的拆除应符合下列规定：

　　6 起吊大模板前应先检查模板与混凝土结构之间所有对拉螺栓、连接件是否全部拆除，必须在确认模板和混凝土结构之间无任何连接后方可起吊大模板，移动模板时不得碰撞墙体；

6.5.2 大模板的堆放应符合下列要求：

　　1 大模板现场堆放区应在起重机的有效工作范围之内，堆放场地必须坚实平整，不得堆放在松土、冻土或凹凸不平的场地上。

　　2 大模板堆放时，有支撑架的大模板必须满足自稳角要求；当不能满足要求时，必须另外采取措施，确保模板放置的稳定。没有支撑架的大模板应存放在专用的插放支架上，不得倚靠在其他物体上，防止模板下脚滑移倾倒。

　　3 大模板在地面堆放时，应采取两块大模板板面对板面相对放置的方法，且应在模板中间留置不小于 600mm 的操作间距；当长时期堆放时，应将模板连接成整体。

三、《钢框胶合板模板技术规程》JGJ 96—2011

3.3.1 吊环应采用 HPB235 钢筋制作，严禁使用冷加工钢筋。

4.1.2 模板及支撑应具有足够的承载能力、刚度和稳定性。

6.4.7 在起吊模板前，应拆除模板与混凝土结构之间所有对拉螺栓、连接件。

四、《整体爬升钢平台模架技术标准》JGJ 459—2019

3.1.5 整体钢平台模架在安装与拆除阶段、爬升阶段、作业阶段的风速超过设计风速限值时，不得进行相应阶段的施工。

3.2.4 整体钢平台模架在爬升阶段、作业阶段、非作业阶段均应满足承载力、刚度、整体稳固性的要求。

3.3.2 整体钢平台模架分块安装、拆除时，应满足分块的整体稳固性要求；安装过程应满足分块连接后形成单元的整体稳固性要求；拆除过程应满足分块拆除后剩余单元的整体稳固性要求。

3.4.2 整体钢平台模架支撑于混凝土结构时，支撑部位的混凝土结构应满足承载力要求。

五、《组合铝合金模板工程技术规程》JGJ 386—2016

3.1.4 铝合金材料的强度设计值应按表 3.1.4 采用。

表 3.1.4　铝合金材料的强度设计值（N/mm²）

铝合金材料			用于构件计算		用于焊接连接计算	
牌号	状态	厚度 (mm)	抗拉、抗压 和抗弯 f_a	抗剪 f_{ua}	焊接热影响区抗拉、 抗压和抗弯 $f_{u,haz}$	焊接热影响区 抗剪 $f_{v,haz}$
6061	T6	所有	200	115	100	60
6082	T6	所有	230	120	100	60

第四章 幕墙与门窗工程

一、《玻璃幕墙工程技术规范》JGJ 102—2003

3.1.4 隐框和半隐框玻璃幕墙，其玻璃与铝型材的粘结必须采用中性硅酮结构密封胶；全玻幕墙和点支承幕墙采用镀膜玻璃时，不应采用酸性硅酮结构密封胶粘结。

3.1.5 硅酮结构密封胶和硅酮建筑密封胶必须在有效期内使用。

3.6.2 硅酮结构密封胶使用前，应经国家认可的检测机构进行与其相接触材料的相容性和剥离粘结性试验，并应对邵氏硬度、标准状态拉伸粘结性能进行复验。检验不合格的产品不得使用。进口硅酮结构密封胶应具有商检报告。

4.4.4 人员流动密度大、青少年或幼儿活动的公共场所以及使用中容易受到撞击的部位，其玻璃幕墙应采用安全玻璃；对使用中容易受到撞击的部位，尚应设置明显的警示标志。

5.1.6 幕墙结构构件应按下列规定验算承载力和挠度：

  1 无地震作用效应组合时，承载力应符合下式要求：

$$\gamma_0 S \leqslant R \tag{5.1.6-1}$$

  2 有地震作用效应组合时，承载力应符合下式要求：

$$S_E \leqslant R/\gamma_{RE} \tag{5.1.6-2}$$

式中 S——荷载效应按基本组合的设计值；

S_E——地震作用效应和其他荷载效应按基本组合的设计值；

R——构件抗力设计值；

γ_0——结构构件重要性系数，应取不小于1.0；

γ_{RE}——结构构件承载力抗震调整系数，应取1.0。

  3 挠度应符合下式要求：

$$d_{\mathrm{f}} \leqslant d_{\mathrm{f,lim}} \qquad (5.1.6\text{-}3)$$

式中　d_{f}——构件在风荷载标准值或永久荷载标准值作用下产生的挠度值；

　　　$d_{\mathrm{f,lim}}$——构件挠度限值。

4　双向受弯的杆件，两个方向的挠度应分别符合本条第 3 款的规定。

5.5.1　主体结构或结构构件，应能够承受幕墙传递的荷载和作用。连接件与主体结构的锚固承载力设计值应大于连接件本身的承载力设计值。

5.6.2　硅酮结构密封胶应根据不同的受力情况进行承载力极限状态验算。在风荷载、水平地震作用下，硅酮结构密封胶的拉应力或剪应力设计值不应大于其强度设计值 f_1，f_1 应取 $0.2\mathrm{N/mm^2}$；在永久荷载作用下，硅酮结构密封胶的拉应力或剪应力设计值不应大于其强度设计值 f_2，f_2 应取 $0.01\mathrm{N/mm^2}$。

6.2.1　横梁截面主要受力部位的厚度，应符合下列要求：

1　截面自由挑出部位（图 6.2.1a）和双侧加劲部位（图 6.2.1b）的宽厚比 b_0/t 应符合表 6.2.1 的要求；

表 6.2.1　横梁截面宽厚比 b_0/t 限值

截面部位	铝型材				钢型材	
	6063-T5 6061-T4	6063A-T5	6063-T6 6063A-T6	6061-T6	Q235	Q345
自由挑出	17	15	13	12	15	12
双侧加劲	50	45	40	35	40	33

2　当横梁跨度不大于 1.2m 时，铝合金型材截面主要受力部位的厚度不应小于 2.0mm；当横梁跨度大于 1.2m 时，其截面主要受力部位的厚度不应小于 2.5mm。型材孔壁与螺钉之间直接采用螺纹受力连接时，其局部截面厚度不应小于螺钉的公称直径；

3　钢型材截面主要受力部位的厚度不应小于 2.5mm。

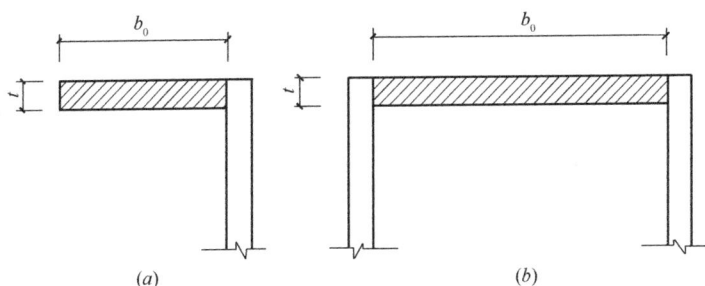

图 6.2.1 横梁的截面部位示意

6.3.1 立柱截面主要受力部位的厚度，应符合下列要求：

1 铝型材截面开口部位的厚度不应小于 3.0mm，闭口部位的厚度不应小于 2.5mm；型材孔壁与螺钉之间直接采用螺纹受力连接时，其局部厚度尚不应小于螺钉的公称直径；

2 钢型材截面主要受力部位的厚度不应小于 3.0mm；

3 对偏心受压立柱，其截面宽厚比应符合本规范第 6.2.1 条的相应规定。

7.1.6 全玻幕墙的板面不得与其他刚性材料直接接触。板面与装修面或结构面之间的空隙不应小于 8mm，且应采用密封胶密封。

7.3.1 全玻幕墙玻璃肋的截面厚度不应小于 12mm，截面高度不应小于 100mm。

7.4.1 采用胶缝传力的全玻幕墙，其胶缝必须采用硅酮结构密封胶。

8.1.2 采用浮头式连接件的幕墙玻璃厚度不应小于 6mm；采用沉头式连接件的幕墙玻璃厚度不应小于 8mm。

安装连接件的夹层玻璃和中空玻璃，其单片厚度也应符合上述要求。

8.1.3 玻璃之间的空隙宽度不应小于 10mm，且应采用硅酮建筑密封胶嵌缝。

9.1.4 除全玻幕墙外，不应在现场打注硅酮结构密封胶。

10.7.4 当高层建筑的玻璃幕墙安装与主体结构施工交叉作业时，在主体结构的施工层下方应设置防护网；在距离地面约 3m 高度处，应设置挑出宽度不小于 6m 的水平防护网。

二、《金属与石材幕墙工程技术规范》JGJ 133—2001

3.2.2 花岗石板材的弯曲强度应经法定检测机构检测确定，其弯曲强度不应小于 8.0MPa。

3.5.2 同一幕墙工程应采用同一品牌的单组分或双组分的硅酮结构密封胶，并应有保质年限的质量证书。用于石材幕墙的硅酮结构密封胶还应有证明无污染的试验报告。

3.5.3 同一幕墙工程应采用同一品牌的硅酮结构密封胶和硅酮耐候密封胶配套使用。

4.2.3 幕墙构架的立柱与横梁在风荷载标准值作用下，钢型材的相对挠度不应大于 $l/300$（l 为立柱或横梁两支点间的跨度），绝对挠度不应大于 15mm；铝合金型材的相对挠度不应大于 $l/180$，绝对挠度不应大于 20mm。

4.2.4 幕墙在风荷载标准值除以阵风系数后的风荷载值作用下，不应发生雨水渗漏。其雨水渗漏性能应符合设计要求。

5.2.3 作用于幕墙上的风荷载标准值应按下式计算，且不应小于 1.0kN/m²：

$$w_k = \beta_{gz} \mu_Z \mu_S w_0$$

式中　w_k——作用于幕墙上的风荷载标准值（kN/m²）；

　　　β_{gz}——阵风系数，可取 2.25；

　　　μ_S——风荷载体型系数。竖直幕墙外表面可按 ±1.5 采用，斜幕墙风荷载体型系数可根据实际情况，按现行国家标准《建筑结构荷载规范》（GB 50009）的规定采用。当建筑物进行了风洞试验时，幕墙的风荷载体型系数可根据风洞试验结果确定；

　　　μ_Z——风压高度变化系数，应按现行国家标准《建筑结构荷载规范》（GB 50009）的规定采用；

w_0——基本风压（kN/m^2），应根据现行国家标准《建筑结构荷载规范》（GB 50009）的规定采用。

5.5.2 钢销式石材幕墙可在非抗震设计或 6 度、7 度抗震设计幕墙中应用，幕墙高度不宜大于 20m，石板面积不宜大于 1.0m^2。钢销和连接板应采用不锈钢。连接板截面尺寸不宜小于 40mm×4mm。钢销与孔的要求应符合本规范第 6.3.2 条的规定。

5.6.6 横梁应通过角码、螺钉或螺栓与立柱连接，角码应能承受横梁的剪力。螺钉直径不得小于 4mm，每处连接螺钉数量不应少于 3 个，螺栓不应少于 2 个。横梁与立柱之间应有一定的相对位移能力。

5.7.2 上下立柱之间应有不小于 15mm 的缝隙，并应采用芯柱连结。芯柱总长度不应小于 400mm。芯柱与立柱应紧密接触。芯柱与下柱之间应采用不锈钢螺栓固定。

5.7.11 立柱应采用螺栓与角码连接，并再通过角码与预埋件或钢构件连接。螺栓直径不应小于 10mm，连接螺栓应按现行国家标准《钢结构设计规范》（GB 50017）进行承载力计算。立柱与角码采用不同金属材料时应采用绝缘垫片分隔。

6.1.3 用硅酮结构密封胶黏结固定构件时，注胶应在温度 15℃以上 30℃以下、相对湿度 50% 以上且洁净、通风的室内进行，胶的宽度、厚度应符合设计要求。

6.3.2 钢销式安装的石板加工应符合下列规定：

1 钢销的孔位应根据石板的大小而定。孔位距离边端不得小于石板厚度的 3 倍，也不得大于 180mm；钢销间距不宜大于 600mm；边长不大于 1.0m 时每边应设两个钢销，边长大于 1.0m 时应采用复合连接；

2 石板的钢销孔的深度宜为 22～33mm，孔的直径宜为 7mm 或 8mm，钢销直径宜为 5mm 或 6mm，钢销长度宜为 20～30mm；

3 石板的钢销孔处不得有损坏或崩裂现象，孔径内应光滑、洁净。

6.5.1 金属与石材幕墙构件应按同一种类构件的 5% 进行抽样检查，且每种构件不得少于 5 件。当有一个构件抽检不符合上述规定时，应加倍抽样复验，全部合格后方可出厂。

6.5.2 构件出厂时，应附有构件合格证书。

7.2.4 金属、石材幕墙与主体结构连接的预埋件，应在主体结构施工时按设计要求埋设。预埋件应牢固，位置准确，预埋件的位置误差应按设计要求进行复查。当设计无明确要求时，预埋件的标高偏差不应大于 10mm，预埋件位置差不应大于 20mm。

7.3.4 金属板与石板安装应符合下列规定：

1 应对横竖连接件进行检查、测量、调整；

2 金属板、石板安装时，左右、上下的偏差不应大于 1.5mm；

3 金属板、石板空缝安装时，必须有防水措施，并应有符合设计要求的排水出口；

4 填充硅酮耐候密封胶时，金属板、石板缝的宽度、厚度应根据硅酮耐候密封胶的技术参数，经计算后确定。

7.3.10 幕墙安装施工应对下列项目进行验收：

1 主体结构与立柱、立柱与横梁连接节点安装及防腐处理；

2 幕墙的防火、保温安装；

3 幕墙的伸缩缝、沉降缝、防震缝及阴阳角的安装；

4 幕墙的防雷节点的安装；

5 幕墙的封口安装。

三、《人造板材幕墙工程技术规范》JGJ 336—2016

5.5.1 幕墙应与主体结构可靠连接。连接件与主体结构的锚固承载力设计值应大于连接件本身的承载力设计值。

四、《铝合金门窗工程技术规范》JGJ 214—2010

3.1.2 铝合金门窗主型材的壁厚应经计算或试验确定，除压条、扣板等需要弹性装配的型材外,门用主型材主要受力部位基材截面最小实测壁厚不应小于 2.0mm,窗用主型材主要受力部位基材截面最小实测壁厚不应小于 1.4mm。

4.12.1 人员流动性大的公共场所,易于受到人员和物体碰撞的铝合金门窗应采用安全玻璃。

4.12.2 建筑物中下列部位的铝合金门窗应使用安全玻璃:

1 七层及七层以上建筑物外开窗;

2 面积大于 1.5m² 的窗玻璃或玻璃底边离最终装修面小于 500mm 的落地窗;

3 倾斜安装的铝合金窗。

4.12.4 铝合金推拉门、推拉窗的扇应有防止从室外侧拆卸的装置。推拉窗用于外墙时,应设置防止窗扇向室外脱落的装置。

五、《塑料门窗工程技术规程》JGJ 103—2008

3.1.2 门窗工程有下列情况之一时,必须使用安全玻璃:

1 面积大于 1.5m² 的窗玻璃;

2 距离可踏面高度 900mm 以下的窗玻璃;

3 与水平面夹角不大于 75°的倾斜窗,包括天窗、采光顶等在内的顶棚;

4 7 层及 7 层以上建筑外开窗。

6.2.8 建筑外窗的安装必须牢固可靠,在砖砌体上安装时,严禁用射钉固定。

6.2.19 推拉门窗扇必须有防脱落装置。

6.2.23 安装滑撑时,紧固螺钉必须使用不锈钢材质,并应与框扇增强型钢或内衬局部加强钢板可靠连接。螺钉与框扇连接处应进行防水密封处理。

7.1.2 安装门窗、玻璃或擦拭玻璃时,严禁手攀窗框、窗扇、窗梃和窗撑;操作时,应系好安全带,且安全带必须有坚固牢靠的挂点,严禁把安全带挂在窗体上。

六、《塑料门窗设计及组装技术规程》JGJ 362—2016

3.4.2 塑料门窗用增强型钢应经计算确定，且塑料窗用增强型钢壁厚不应小于 1.5mm，门用增强型钢壁厚不应小于 2.0mm。

七、《城市轨道交通站台屏蔽门系统技术规范》CJJ 183—2012

4.1.6 滑动门、应急门和端门必须能可靠关闭且锁紧，在站台侧必须能使用专用钥匙开启，在非站台侧必须能手动开启。

4.4.1 屏蔽门系统必须按一级负荷供电，必须设置备用电源。

第五章 防水与雨水

一、《住宅室内防水工程技术规范》JGJ 298—2013

4.1.2 住宅室内防水工程不得使用溶剂型防水涂料。

5.2.1 卫生间、浴室的楼、地面应设置防水层，墙面、顶棚应设置防潮层，门口应有阻止积水外溢的措施。

5.2.4 排水立管不应穿越下层住户的居室；当厨房设有地漏时，地漏的排水支管不应穿过楼板进入下层住户的居室。

7.3.6 防水层不得渗漏。

检验方法：在防水层完成后进行蓄水试验，楼、地面蓄水高度不应小于 20mm，蓄水时间不应少于 24h；独立水容器应满池蓄水，蓄水时间不应少于 24h。

检验数量：每一自然间或每一独立水容器逐一检验。

二、《硬泡聚氨酯保温防水工程技术规范》GB 50404—2017

3.0.14 硬泡聚氨酯保温防水工程应加强施工过程防火管理，严禁与其他施工工种同时交叉作业，当遇下列情况之一时，严禁电焊、切割等动火作业：

1 硬泡聚氨酯材料进入施工现场过程中；

2 硬泡聚氨酯保温层喷涂或安装施工过程中；

3 硬泡聚氨酯保温层未进行保护层施工前或无保护层保护时。

3.0.15 硬泡聚氨酯保温层上无可靠防火构造措施时，不得在其上进行防水材料的热熔、热粘结法施工。

2

三、《建筑与小区雨水控制及利用工程技术规范》GB 50400—2016

1.0.5 规划和设计阶段文件应包括雨水控制及利用内容。雨水控制及利用设施应与项目主体工程同时规划设计，同时施工，同时使用。

4.1.6 雨水入渗不应引起地质灾害及损害建筑物。下列场所不得采用雨水入渗系统：

　　1　可能造成坍塌、滑坡灾害的场所；

　　2　对居住环境以及自然环境造成危害的场所；

　　3　自重湿陷性黄土、膨胀土和高含盐土等特殊土壤地质场所。

5.1.4 屋面雨水收集系统应独立设置，严禁与建筑生活污水、废水排水连接。严禁在民用建筑室内设置敞开式检查口或检查井。

7.3.1 雨水供水管道应与生活饮用水管道分开设置，严禁回用雨水进入生活饮用水给水系统。

7.3.4 当采用生活饮用水补水时，应采取防止生活饮用水被污染的措施，并符合下列规定：

　　1　清水池（箱）内的自来水补水管出水口应高于清水池（箱）内溢流水位，其间距不得小于 2.5 倍补水管管径，且不应小于 150mm；

　　2　向蓄水池（箱）补水时，补水管口应设在池外，且应高于室外地面。

7.3.9 雨水供水管道上下不得装设取水龙头，并应采取下列防止误接、误用、误饮的措施：

　　1　雨水供水管外壁应按设计规定涂色或标识；

　　2　当设有取水口时，应设锁具或专门开启工具；

　　3　水池（箱）、阀门、水表、给水栓、取水口均应有明显的"雨水"标识。

12.0.4 严禁向雨水收集口倾倒垃圾和生活污水、废水。

四、《城镇雨水调蓄工程技术规范》GB 51174—2017

4.1.8 雨水调蓄工程应设置警示牌和相应的安全防护措施。

4.2.7 内河内湖调蓄工程的调蓄规模和调蓄水位确定后,对填占调蓄库容的涉水构筑物必须经过排水防涝影响论证后方可建设。

4.4.14 当采用封闭结构的调蓄池时,应设置送排风设施。设计通风换气次数应根据调蓄目的、进出水量、有毒有害气体爆炸极限浓度等因素合理确定。

4.4.21 调蓄池内易形成和聚集有毒有害气体的区域,应设置固定式有毒有害气体检测报警设备,且预留有毒有害气体监测孔。

4.2.22 调蓄池可能出现可燃气体的区域,应采取防爆措施。

第六章　防　　雷

一、《古建筑防雷工程技术规范》GB 51017—2014

4.1.6　当外部防雷装置设置在古建筑的主要出入口、经常有人通过或停留的场所时，外部防雷装置必须采取人身安全保护措施。

4.5.2　接闪器应符合下列规定：

3　不应在由易燃材料构成的屋顶上直接安装接闪器。在可燃材料构成的屋顶上安装接闪器时，接闪器的支撑架应采用隔热层与可燃材料之间隔离。

5.1.4　防雷装置现场安装施工时，古建筑内部严禁采用容易引起火灾的施工方法。古建筑外部附近施工应采取防火安全措施。

5.3.2　引下线安装应符合下列规定：

3　在木结构上敷设引下线时，引下线的金属支撑架应采用隔热层与木结构之间隔离。

二、《农村民居雷电防护工程技术规范》GB 50952—2013

3.1.5　使用双层彩钢板做屋面及接闪器，且双层彩钢板下方有易燃物品时，应符合下列规定：

1　上层钢板厚度不应小于 0.5mm。

2　夹层中保温材料必须为不燃或难燃材料。

4.1.2　除结构设计要求外，兼做引下线的承力钢结构构件、混凝土梁、柱内钢筋与钢筋的连接，应采用土建施工的绑扎法或螺丝扣的机械连接，严禁热加工连接。

三、《建筑物电子信息系统防雷技术规范》GB 50343—2012

5.1.2 需要保护的电子信息系统必须采取等电位连接与接地保护措施。

5.2.5 防雷接地与交流工作接地、直流工作接地、安全保护接地共用一组接地装置时，接地装置的接地电阻值必须按接入设备中要求的最小值确定。

5.4.2 电子信息系统设备由 TN 交流配电系统供电时，从建筑物内总配电柜（箱）开始引出的配电线路必须采用 TN-S 系统的接地形式。

7.3.3 检验不合格的项目不得交付使用。

四、《建筑物防雷设计规范》GB 50057—2010

3.0.2 在可能发生对地闪击的地区，遇下列情况之一时，应划为第一类防雷建筑物：

　　1　凡制造、使用或贮存火炸药及其制品的危险建筑物，因电火花而引起爆炸、爆轰，会造成巨大破坏和人身伤亡者。

　　2　具有 0 区或 20 区爆炸危险场所的建筑物。

　　3　具有 1 区或 21 区爆炸危险场所的建筑物，因电火花而引起爆炸，会造成巨大破坏和人身伤亡者。

3.0.3 在可能发生对地闪击的地区，遇下列情况之一时，应划为第二类防雷建筑物：

　　1　国家级重点文物保护的建筑物。

　　2　国家级的会堂、办公建筑物、大型展览和博览建筑物、大型火车站和飞机场、国宾馆、国家级档案馆、大型城市的重要给水泵房等特别重要的建筑物。

　　注：飞机场不含停放飞机的露天场所和跑道。

　　3　国家级计算中心、国际通信枢纽等对国民经济有重要意义的建筑物。

　　4　国家特级和甲级大型体育馆。

5　制造、使用或贮存火炸药及其制品的危险建筑物，且电火花不易引起爆炸或不致造成巨大破坏和人身伤亡者。

6　具有 1 区或 21 区爆炸危险场所的建筑物，且电火花不易引起爆炸或不致造成巨大破坏和人身伤亡者。

7　具有 2 区或 22 区爆炸危险场所的建筑物。

8　有爆炸危险的露天钢质封闭气罐。

9　预计雷击次数大于 0.05 次/a 的部、省级办公建筑物和其他重要或人员密集的公共建筑物以及火灾危险场所。

10　预计雷击次数大于 0.25 次/a 的住宅、办公楼等一般性民用建筑物或一般性工业建筑物。

3.0.4　在可能发生对地闪击的地区，遇下列情况之一时，应划为第三类防雷建筑物：

1　省级重点文物保护的建筑物及省级档案馆。

2　预计雷击次数大于或等于 0.01 次/a，且小于或等于 0.05 次/a 的部、省级办公建筑物和其他重要或人员密集的公共建筑物，以及火灾危险场所。

3　预计雷击次数大于或等于 0.05 次/a，且小于或等于 0.25 次/a 的住宅、办公楼等一般性民用建筑物或一般性工业建筑物。

4　在平均雷暴日大于 15d/a 的地区，高度在 15m 及以上的烟囱、水塔等孤立的高耸建筑物；在平均雷暴日小于或等于 15d/a 的地区，高度在 20m 及以上的烟囱、水塔等孤立的高耸建筑物。

4.1.1　各类防雷建筑物应设防直击雷的外部防雷装置，并应采取防闪电电涌侵入的措施。

第一类防雷建筑物和本规范第 3.0.3 条第 5～7 款所规定的第二类防雷建筑物，尚应采取防闪电感应的措施。

4.1.2　各类防雷建筑物应设内部防雷装置，并应符合下列规定：

1　在建筑物的地下室或地面层处，下列物体应与防雷装置做防雷等电位连接：

1）建筑物金属体。

2）金属装置。

3）建筑物内系统。

4）进出建筑物的金属管线。

2 除本条第1款的措施外，外部防雷装置与建筑物金属体、金属装置、建筑物内系统之间，尚应满足间隔距离的要求。

4.2.1 第一类防雷建筑物防直击雷的措施应符合下列规定：

2 排放爆炸危险气体、蒸气或粉尘的放散管、呼吸阀、排风管等的管口外的下列空间应处于接闪器的保护范围内：

1）当有管帽时应按表4.2.1的规定确定。

2）当无管帽时，应为管口上方半径5m的半球体。

3）接闪器与雷闪的接触点应设在本款第1项或第2项所规定的空间之外。

表 4.2.1 有管帽的管口外处于接闪器保护范围内的空间

装置内的压力与周围空气压力的压力差（kPa）	排放物对比于空气	管帽以上的垂直距离（m）	距管口处的水平距离（m）
<5	重于空气	1	2
5~25	重于空气	2.5	5
≤25	轻于空气	2.5	5
>25	重或轻于空气	5	5

注：相对密度小于或等于0.75的爆炸性气体规定为轻于空气的气体；相对密度大于0.75的爆炸性气体规定为重于空气的气体。

3 排放爆炸危险气体、蒸气或粉尘的放散管、呼吸阀、排风管等，当其排放物达不到爆炸浓度、长期点火燃烧、一排放就点火燃烧，以及发生事故时排放物才达到爆炸浓度的通风管、安全阀，接闪器的保护范围应保护到管帽，无管帽时应保护到管口。

4.2.3 第一类防雷建筑物防闪电电涌侵入的措施应符合下列规定：

1 室外低压配电线路应全线采用电缆直接埋地敷设，在入户处应将电缆的金属外皮、钢管接到等电位连接带或防闪电感应的接地装置上。

2 当全线采用电缆有困难时，应采用钢筋混凝土杆和铁横担的架空线，并应使用一段金属铠装电缆或护套电缆穿钢管直接埋地引入。架空线与建筑物的距离不应小于 15m。

在电缆与架空线连接处，尚应装设户外型电涌保护器。电涌保护器、电缆金属外皮、钢管和绝缘子铁脚、金具等应连在一起接地，其冲击接地电阻不应大于 30Ω。所装设的电涌保护器应选用 I 级试验产品，其电压保护水平应小于或等于 2.5kV，其每一保护模式应选冲击电流等于或大于 10kA；若无户外型电涌保护器，应选用户内型电涌保护器，其使用温度应满足安装处的环境温度，并应安装在防护等级 IP54 的箱内。

当电涌保护器的接线形式为本规范表 J.1.2 中的接线形式 2 时，接在中性线和 PE 线间电涌保护器的冲击电流，当为三相系统时不应小于 40kA，当为单相系统时不应小于 20kA。

4.2.4

8 在电源引入的总配电箱处应装设 I 级试验的电涌保护器。电涌保护器的电压保护水平值应小于或等于 2.5kV。每一保护模式的冲击电流值，当无法确定时，冲击电流应取等于或大于 12.5kA。

4.3.3 专设引下线不应少于 2 根，并应沿建筑物四周和内庭院四周均匀对称布置，其间距沿周长计算不应大于 18m。当建筑物的跨度较大，无法在跨距中间设引下线时，应在跨距两端设引下线并减小其他引下线的间距，专设引下线的平均间距不应大于 18m。

4.3.5 利用建筑物的钢筋作为防雷装置时，应符合下列规定：

6 构件内有箍筋连接的钢筋或成网状的钢筋，其箍筋与钢筋、钢筋与钢筋应采用土建施工的绑扎法、螺丝、对焊或搭焊连接。单根钢筋、圆钢或外引预埋连接板、线与构件内钢筋应焊接或采用螺栓紧固的卡夹器连接。构件之间必须连接成电气通路。

4.3.8　防止雷电流流经引下线和接地装置时产生的高电位对附近金属物或电气和电子系统线路的反击，应符合下列规定：

4　在电气接地装置与防雷接地装置共用或相连的情况下，应在低压电源线路引入的总配电箱、配电柜处装设Ⅰ级试验的电涌保护器。电涌保护器的电压保护水平值应小于或等于 2.5kV。每一保护模式的冲击电流值，当无法确定时应取等于或大于 12.5kA。

5　当 Yyn0 型或 Dyn11 型接线的配电变压器设在本建筑物内或附设于外墙处时，应在变压器高压侧装设避雷器；在低压侧的配电屏上，当有线路引出本建筑物至其他有独自敷设接地装置的配电装置时，应在母线上装设Ⅰ级试验的电涌保护器，电涌保护器每一保护模式的冲击电流值，当无法确定时冲击电流应取等于或大于 12.5kA；当无线路引出本建筑物时，应在母线上装设Ⅱ级试验的电涌保护器，电涌保护器每一保护模式的标称放电电流值应等于或大于 5kA。电涌保护器的电压保护水平值应小于或等于 2.5kV。

4.4.3　专设引下线不应少于 2 根，并应沿建筑物四周和内庭院四周均匀对称布置，其间距沿周长计算不应大于 25m。当建筑物的跨度较大，无法在跨距中间设引下线时，应在跨距两端设引下线并减小其他引下线的间距，专设引下线的平均间距不应大于 25m。

4.5.8　在独立接闪杆、架空接闪线、架空接闪网的支柱上，严禁悬挂电话线、广播线、电视接收天线及低压架空线等。

6.1.2　当电源采用 TN 系统时，从建筑物总配电箱起供电给本建筑物内的配电线路和分支线路必须采用 TN-S 系统。

第七章　太阳能与遮阳

一、《民用建筑太阳能热水系统应用技术标准》GB 50364—2018

3.0.4　在既有建筑上增设或改造太阳能热水系统，必须经建筑结构安全复核，并应满足建筑结构的安全性要求。

3.0.5　建筑物上安装太阳能热水系统，不得降低相邻建筑的日照标准。

3.0.7　太阳能集热器的支撑结构应满足太阳能集热器运行状态的最大荷载的作用。

3.0.8　太阳能热水系统的连接件与主体结构的锚固承载力设计值应大于连接件本身的承载力设计值。

4.2.3　安装太阳能集热器的建筑部位，应设置防止集热器损坏后部件坠落伤人的安全设施。

4.2.7　在阳台设置太阳能集热器应符合下列规定：

　　1　设置在阳台栏板上的集热器支架应与阳台栏板上的预埋件牢固连接；

　　2　当集热器构成阳台栏板时，应满足阳台栏板的刚度、强度及防护功能要求。

5.3.2　太阳能热水系统应采取防冻、防结露、防过热、防电击、防雷、抗雹、抗风、抗震等技术措施。

5.4.12　安装在建筑上或直接构成建筑围护结构的太阳能集热器，应有防止热水渗漏的安全保障措施。

5.7.2　太阳能热水系统中所使用的电气设备应装设短路保护和接地故障保护装置。

二、《太阳能供热采暖工程技术标准》GB 50495—2019

1.0.5 既有建筑增设或改造太阳能供热采暖系统时，应进行建筑结构安全复核并满足其安全性要求。

5.1.1 建筑物上安装太阳能集热系统不得降低相邻建筑的日照标准。

5.1.2 太阳能集热系统应根据建设地区和使用条件采取防冻、防过热、防雹、抗风、抗震、防雷和用电安全等技术措施。

5.1.5 太阳能集热系统的施工安装不得破坏建筑物的结构、屋面、地面防水层和附属设施，不得削弱建筑物承受荷载的能力。

5.2.13 太阳能集热系统应安装防过热安全阀，其安装位置应保证在泄压时排出的高温蒸汽、高温热水不致危及周围人员，并应配备相应的安全措施。防过热安全阀设定的开启压力应与系统有耐受的最高工作温度对应的饱和蒸汽压力一致。

三、《民用建筑太阳能空调工程技术规范》GB 50787—2012

1.0.4 在既有建筑上增设或改造太阳能空调系统，必须经过建筑结构安全复核，满足建筑结构及其他相应的安全性要求，并通过施工图设计文件审查合格后，方可实施。

3.0.6 太阳能集热系统应根据不同地区和使用条件采取防过热、防冻、防结垢、防雷、防雹、抗风、抗震和保证电气安全等技术措施。

5.3.3 安装太阳能集热器的建筑部位，应设置防止太阳能集热器损坏后部件坠落伤人的安全防护设施。

5.4.2 结构设计应为太阳能空调系统安装埋设预埋件或其他连接件。连接件与主体结构的锚固承载力设计值应大于连接件本身的承载力设计值。

5.6.2 太阳能空调系统中所使用的电气设备应设置剩余电流保护、接地和断电等安全措施。

6.1.1 太阳能空调系统的施工安装不得破坏建筑物的结构、屋面防水层和附属设施，不得削弱建筑物在寿命期内承受荷载的能力。

四、《建筑遮阳工程技术规范》JGJ 237—2011

3.0.7 遮阳装置及其与主体建筑结构的连接应进行结构设计。

7.3.4 在遮阳装置安装前，后置锚固件应在同条件的主体结构上进行现场见证拉拔试验，并应符合设计要求。

8.2.4 遮阳装置与主体结构的锚固连接应符合设计要求。

　　检验数量：全数检查验收记录。

　　检验方法：检查预埋件或后置锚固件与主体结构的连接等隐蔽工程施工验收记录和试验报告。

8.2.5 电力驱动装置应有接地措施。

　　检验数量：全数检查。

　　检验方法：观察检查电力驱动装置的接地措施，进行接地电阻测试。

第八章 保温供暖空调通风

一、《低温辐射电热膜供暖系统应用技术规程》JGJ 319—2013

3.2.3 电热膜电磁辐射量应小于 $100\mu T$。

4.4.3 当电热膜布置在与土壤相邻的地面时，必须设绝热层，绝热层下部必须设置防潮层。

4.8.5 电热膜配电线路应采用剩余电流动作保护器，并应自动切断故障电源，剩余动作电流值不应大于 30mA。

5.4.1 严禁在施工现场对电热膜进行裁剪、连接导线、电气绝缘等操作。

5.6.4 在混凝土填充层未固化前，严禁通电调试和使用电热膜。

二、《建筑外墙外保温防火隔离带技术规程》JGJ 289—2012

3.0.4 防火隔离带应与基层墙体可靠连接，应能适应外保温系统的正常变形而不产生渗透、裂缝和空鼓；应能承受自重、风荷载和室外气候的反复作用而不产生破坏。

3.0.6 建筑外墙外保温防火隔离带保温材料的燃烧性能等级应为 A 级。

4.0.1 防火隔离带应进行耐候性能试验，且耐候性能指标应符合表 4.0.1 的规定。

表 4.0.1 防火隔离带耐候性能指标

项 目	性能指标
外观	无裂缝，无粉化、空鼓、剥落现象
抗风压性	无断裂、分层、脱开、拉出现象
防护层与保温层拉伸粘结强度（kPa）	≥80

三、《供热计量技术规程》JGJ 173—2009

3.0.1 集中供热的新建建筑和既有建筑的节能改造必须安装热量计量装置。

3.0.2 集中供热系统的热量结算点必须安装热量表。

4.2.1 热源或热力站必须安装供热量自动控制装置。

5.2.1 集中供热工程设计必须进行水力平衡计算，工程竣工验收必须进行水力平衡检测。

7.2.1 新建和改扩建的居住建筑或以散热器为主的公共建筑室内供暖系统应安装自动温度控制阀进行室温调控。

四、《辐射供暖供冷技术规程》JGJ 142—2012

3.2.2 直接与室外空气接触的楼板或与不供暖供冷房间相邻的地板作为供暖供冷辐射地面时，必须设置绝热层。

3.8.1 新建住宅热水辐射供暖系统应设置分户热计量和室温调控装置。

3.9.3 加热电缆辐射供暖系统应做等电位连接，且等电位连接线应与配电系统的地线连接。

4.5.1 辐射供暖用加热电缆产品必须有接地屏蔽层。

4.5.2 加热电缆冷、热线的接头应采用专用设备和工艺连接，不应在现场简单连接；接头应可靠、密封，并保持接地的连续性。

5.1.6 施工过程中，加热电缆间有搭接时，严禁电缆通电。

5.1.9 施工过程中，加热供冷部件敷设区域，严禁穿凿、穿孔或进行射钉作业。

5.5.2 加热电缆出厂后严禁剪裁和拼接，有外伤或破损的加热电缆严禁敷设。

5.5.7 加热电缆的热线部分严禁进入冷线预留管。

6.1.1 辐射供暖供冷系统未经调试，严禁运行使用。

五、《地源热泵系统工程技术规范》GB 50366—2005，2009年版

3.1.1 地源热泵系统方案设计前，应进行工程场地状况调查，并应对浅层地热能资源进行勘察。

5.1.1 地下水换热系统应根据水文地质勘察资料进行设计。必须采取可靠回灌措施，确保置换冷量或热量后的地下水全部回灌到同一含水层，并不得对地下水资源造成浪费及污染。系统投入运行后，应对抽水量、回灌量及其水质进行定期监测。

六、《外墙外保温工程技术标准》JGJ 144—2019

4.0.2 外保温系统经耐候性试验后，不得出现空鼓、剥落或脱落、开裂等破坏，不得产生裂缝出现渗水；外保温系统拉伸粘结强度应符合表 4.0.2 的规定，且破坏部位应位于保温层内。

表 4.0.2　外保温系统拉伸粘结强度（MPa）

检验项目	粘贴保温板薄抹灰外保温系统、EPS板现浇混凝土外保温系统	胶粉聚苯颗粒保温浆料外保温系统	胶粉聚苯颗粒浆料贴砌 EPS 板外保温系统、现场喷涂硬泡聚氨酯外保温系统
拉伸粘结强度	≥0.10	≥0.06	≥0.10

4.0.5 胶粘剂拉伸粘结强度应符合表 4.0.5 的规定。胶粘剂与保温板的粘结在原强度、浸水 48h 且干燥 7d 后的耐水强度条件下发生破坏时，破坏部位应位于保温板内。

表 4.0.5　胶粘剂拉伸粘结强度（MPa）

检验项目		与水泥砂浆	与保温板
原强度		≥0.60	≥0.10
耐水强度	浸水 48h，干燥 2h	≥0.30	≥0.06
	浸水 48h，干燥 7d	≥0.60	≥0.10

4.0.7 抹面胶浆拉伸粘结强度应符合表 4.0.7 的规定。抹面胶

浆与保温材料的粘接在原强度、浸水 48h 且干燥 7d 后的耐水强度条件下发生破坏时,破坏部位应位于保温材料内。

表 4.0.7 抹面胶浆拉伸粘结强度(MPa)

检验项目		与保温板	与保温浆料
原强度		≥0.10	≥0.06
耐水强度	浸水 48h,干燥 2h	≥0.06	≥0.03
	浸水 48h,干燥 7d	≥0.10	≥0.06
耐冻融强度		≥0.10	≥0.06

4.0.9 玻纤网的主要性能应符合表 4.0.9 的规定。

表 4.0.9 玻纤网主要性能

检验项目	性能要求
单位面积质量	≥160g/m^2
耐碱断裂强力(经、纬向)	≥1000N/50mm
耐碱断裂强力保留率(经、纬向)	≥50%
断裂伸长率(经、纬向)	≥5.0%

七、《蓄能空调工程技术标准》JGJ 158—2018

3.1.12 具有蓄热功能的水池,严禁与消防水池合用。

3.3.28 乙烯乙二醇的载冷剂管路系统严禁选用内壁镀锌或含锌的管材及配件。

八、《变风量空调系统工程技术规程》JGJ 343—2014

5.3.2 变风量末端的电动执行器、控制器和变风量空调机组控制器箱(柜)的可导电外壳必须可靠接地。

九、《空调通风系统运行管理标准》GB 50365—2019

4.2.1 当制冷机组采用对人体有害的制冷剂时,应定期检查、检测和维护制冷剂泄漏报警装置及应急通风系统,泄漏报警装置及应急通风系统的各项功能应正常有效。

4.2.5 空调通风系统冷热源的燃油、燃气管道系统的防静电接地装置应定期检查、维护、试验。防静电接地装置功能应正常有效。

十、《多联机空调系统工程技术规程》JGJ 174—2010

5.4.6 严禁在管道内有压力的情况下进行焊接。

5.5.3 当多联机空调系统需要排空制冷剂进行维修时，应使用专用回收机对系统内剩余的制冷剂回收。

十一、《蓄冷空调工程技术规程》JGJ 158—2008

3.3.12 水蓄冷系统的蓄冷、蓄热共用水池不应与消防水池合用。

3.3.25 乙烯乙二醇的载冷剂管路系统不应选用内壁镀锌的管材及配件。

第九章　连　接

一、《钢筋机械连接技术规程》JGJ 107—2016

3.0.5　Ⅰ级、Ⅱ级、Ⅲ级接头的极限抗拉强度必须符合表3.0.5的规定。

表3.0.5　接头极限抗拉强度

接头等级	Ⅰ级	Ⅱ级	Ⅲ级
极限抗拉强度	$f_{\mathrm{mst}}^0 \geqslant f_{\mathrm{stk}}$钢筋拉断 或 $f_{\mathrm{mst}}^0 \geqslant 1.10 f_{\mathrm{stk}}$连接件破坏	$f_{\mathrm{mst}}^0 \geqslant f_{\mathrm{stk}}$	$f_{\mathrm{mst}}^0 \geqslant 1.25 f_{\mathrm{yk}}$

注：1　钢筋拉断指断于钢筋母材、套筒外钢筋丝头和钢筋镦粗过渡段；
　　2　连接件破坏指断于套筒、套筒纵向开裂或钢筋从套筒中拔出以及其他连接组件破坏。

二、《钢结构高强度螺栓连接技术规程》JGJ 82—2011

3.1.7　在同一连接接头中，高强度螺栓连接不应与普通螺栓连接混用。承压型高强度螺栓连接不应与焊接连接并用。

4.3.1　每一杆件在高强度螺栓连接节点及拼接接头的一端，其连接的高强度螺栓数量不应少于2个。

6.1.2　高强度螺栓连接副应按批配套进场，并附有出厂质量保证书。高强度螺栓连接副应在同批内配套使用。

6.2.6　高强度螺栓连接处的钢板表面处理方法及除锈等级应符合设计要求。连接处钢板表面应平整、无焊接飞溅、无毛刺、无油污。经处理后的摩擦型高强度螺栓连接的摩擦面抗滑移系数应符合设计要求。

6.4.5　在安装过程中，不得使用螺纹损伤及沾染脏物的高强度螺栓连接副，不得用高强度螺栓兼作临时螺栓。

6.4.8 安装高强度螺栓时，严禁强行穿入。当不能自由穿入时，该孔应用铰刀进行修整，修整后孔的最大直径不应大于 1.2 倍螺栓直径，且修孔数量不应超过该节点螺栓数量的 25％。修孔前应将四周螺栓全部拧紧，使板迭密贴后再进行铰孔。严禁气割扩孔。

三、《钢筋套筒灌浆连接应用技术规程》JGJ 355—2015

3.2.2 钢筋套筒灌浆连接接头的抗拉强度不应小于连接钢筋抗拉强度标准值，且破坏时应断于接头外钢筋。

7.0.6 灌浆套筒进厂（场）时，应抽取灌浆套筒并采用与之匹配的灌浆料制作对中连接接头试件，并进行抗拉强度检验，检验结构均应符合本规程第 3.2.2 条的有关规定。

　　检查数量：同一批号、同一类型、同一规格的灌浆套筒，不超过 1000 个为一批，每批随机抽取 3 个灌浆套筒制作对中连接接头试件。

　　检验方法：检查质量证明文件和抽样检验报告。

四、《预应力筋用锚具、夹具和连接器应用技术规程》JGJ 85—2010

3.0.2 锚具的静载锚固性能，应由预应力筋-锚具组装件静载试验测定的锚具效率系数（η_a）和达到实测极限拉力时组装件中预应力筋的总应变（ε_{apu}）确定。锚具效率系数（η_a）不应小于 0.95，预应力筋总应变（ε_{apu}）不应小于 2.0％。锚具效率系数应根据试验结果并按下式计算确定：

$$\eta_a = F_{apu}/\eta_p \cdot F_{pm} \tag{3.0.2}$$

式中　η_a——由预应力筋-锚具组装件静载试验测定的锚具效率系数；

F_{apu}——预应力筋-锚具组装件的实测极限拉力（N）；

F_{pm}——预应力筋的实际平均极限抗拉力（N），由预应力筋试件实测破断力平均值计算确定；

η_p——预应力筋的效率系数，其值应按下列规定取用：预应力筋-锚具组装件中预应力筋为 1～5 根时，η_p = 1；6～12 根时，η_p = 0.99；13～19 根时，η_p = 0.98；20 根及以上时，η_p = 0.97。

预应力筋-锚具组装件的破坏形式应是预应力筋的破断，锚具零件不应碎裂。夹片式锚具的夹片在预应力筋拉应力未超过 $0.8f_{ptk}$ 时不应出现裂纹。

五、《装配式混凝土结构技术规程》 JGJ 1—2014（节选）

11.1.4 预制结构构件采用钢筋套筒灌浆连接时，应在构件生产前进行钢筋套筒灌浆连接接头的抗拉强度试验，每种规格的连接接头试件数量不应少于 3 个。

第十章 地 基 基 础

一、《高填方地基技术规范》GB 51254—2017

3.0.11 高填方地基应分层填筑、分层压（夯）实、分层检验，且处理后的高填方地基应满足密实、均匀和稳定性要求。

二、《建筑地基处理技术规范》JGJ 79—2012

3.0.5 处理后的地基应满足建筑物地基承载力、变形和稳定性要求，地基处理的设计尚应符合下列规定：

　　1 经处理后的地基，当在受力层范围内仍存在软弱下卧层时，应进行软弱下卧层地基承载力验算；

　　2 按地基变形设计或应作变形验算且需进行地基处理的建筑物或构筑物，应对处理后的地基进行变形验算；

　　3 对建造在处理后的地基上受较大水平荷载或位于斜坡上的建筑物及构筑物，应进行地基稳定性验算。

4.4.2 换填垫层的施工质量检验应分层进行，并应在每层的压实系数符合设计要求后铺填上层。

5.4.2 预压地基竣工验收检验应符合下列规定：

　　1 排水竖井处理深度范围内和竖井底面以下受压土层，经预压所完成的竖向变形和平均固结度应满足设计要求；

　　2 应对预压的地基土进行原位试验和室内土工试验。

6.2.5 压实地基的施工质量检验应分层进行。每完成一道工序，应按设计要求进行验收，未经验收或验收不合格时，不得进行下一道工序施工。

6.3.2 强夯置换处理地基，必须通过现场试验确定其适用性和处理效果。

6.3.10 当强夯施工所引起的振动和侧向挤压对邻近建构筑物产生不利影响时，应设置监测点，并采取挖隔振沟等隔振或防振措施。

6.3.13 强夯处理后的地基竣工验收，承载力检验应根据静载荷试验、其他原位测试和室内土工试验等方法综合确定。强夯置换后的地基竣工验收，除应采用单墩静载荷试验进行承载力检验外，尚应采用动力触探等查明置换墩着底情况及密度随深度的变化情况。

7.1.2 对散体材料复合地基增强体应进行密实度检验；对有粘结强度复合地基增强体应进行强度及桩身完整性检验。

7.1.3 复合地基承载力的验收检验应采用复合地基静载荷试验，对有粘结强度的复合地基增强体尚应进行单桩静载荷试验。

7.3.2 水泥土搅拌桩用于处理泥炭土、有机质土、pH 值小于 4 的酸性土、塑性指数大于 25 的黏土，或在腐蚀性环境中以及无工程经验的地区使用时，必须通过现场和室内试验确定其适用性。

7.3.6 水泥土搅拌桩干法施工机械必须配置经国家计量部门确认的具有能瞬时检测并记录出粉体计量装置及搅拌深度自动记录仪。

8.4.4 注浆加固处理后地基的承载力应进行静载荷试验检验。

10.2.7 处理地基上的建筑物应在施工期间及使用期间进行沉降观测，直至沉降达到稳定为止。

三、《煤矿采空区建(构)筑物地基处理技术规范》GB 51180—2016

3.0.2 煤矿采空区新建、改建和扩建工程设计和施工前，必须进行煤矿采空区岩土工程勘察、判定工程建设场地的稳定性和适宜性。勘察及评价结论应作为煤矿采空区地基处理、建（构）筑物及地基基础设计的主要依据。

6.1.2 砌筑法施工应严格执行"安全第一、预防为主"的煤矿安全生产方针，当遇冒顶、掉块、片帮、涌水、有毒有害物质等危险环境作业时，必须先排除安全隐患、后进行砌筑作业、并加强安全监测工作。

四、《高层建筑筏形与箱形基础技术规范》JGJ 6—2011

3.0.2 高层建筑筏形与箱形基础的地基设计应进行承载力和地基变形计算。对建造在斜坡上的高层建筑，应进行整体稳定验算。

3.0.3 高层建筑筏形与箱形基础设计和施工前应进行岩土工程勘察，为设计和施工提供依据。

6.1.7 基础混凝土应符合耐久性要求。筏形基础和桩箱、桩筏基础的混凝土强度等级不应低于 C30；箱形基础的混凝土强度等级不应低于 C25。

五、《液压振动台基础技术规范》GB 50699—2011

8.0.1 液压振动台的混凝土基础施工完毕并达到设计强度后，必须对基础进行振动测试以作检验。

六、《复合土钉墙基坑支护技术规范》GB 50739—2011

6.1.3 土方开挖应与土钉、锚杆及降水施工密切结合，开挖顺序、方法应与设计工况相一致；复合土钉墙施工必须符合"超前支护，分层分段，逐层施作，限时封闭，严禁超挖"的要求。

七、《建筑基坑支护技术规程》JGJ 120—2012

3.1.2 基坑支护应满足下列功能要求：

    1 保证基坑周边建（构）筑物、地下管线、道路的安全和正常使用；

    2 保证主体地下结构的施工空间。

8.1.3 当基坑开挖面上方的锚杆、土钉、支撑未达到设计要求时，严禁向下超挖土方。

8.1.4 采用锚杆或支撑的支护结构，在未达到设计规定的拆除条件时，严禁拆除锚杆或支撑。

8.1.5　基坑周边施工材料、设施或车辆荷载严禁超过设计要求的地面荷载限值。

8.2.2　安全等级为一级、二级的支护结构，在基坑开挖过程与支护结构使用期内，必须进行支护结构的水平位移监测和基坑开挖影响范围内建（构）筑物、地面的沉降监测。

八、《岩土锚杆与喷射混凝土支护工程技术规范》GB 50086—2015

4.1.4　永久性锚杆的锚固段不得设置在未经处理的有机质土层、液限 ω_L 大于 50% 的土层或相对密实度 D_r 小于 0.3 的土层中。

4.5.3　腐蚀环境中的永久性锚杆应采用 I 级防腐保护构造设计；非腐蚀环境中的永久性锚杆及腐蚀环境中的临时性锚杆应采用 II 级防腐保护构造设计。

12.1.19　工程锚杆必须进行验收试验。其中占锚杆总量 5% 且不少于 3 根的锚杆应进行多循环张拉验收试验，占锚杆总量 95% 的锚杆应进行单循环张拉验收试验。

13.1.1　岩土锚固与喷射混凝土支护工程的监测与维护应贯穿工程施工阶段和工程使用阶段全过程，应定期对永久性锚固工程或安全等级为 I 级的临时性锚固工程的锚杆预加力值、锚头及被锚固结构物的变形进行监测。

九、《湿陷性黄土地区建筑标准》GB 50025—2018

4.1.1　湿陷性黄土场地的岩土工程勘察应查明或试验确定下列岩土参数，应对场地、地基作出岩土工程评价，并应对地基处理措施提出建议。

　　1　建筑类别为甲类、乙类时，场地湿陷性黄土层的厚度、下限深度；

　　2　自重湿陷系数、湿陷系数及湿陷起始压力随深度的变化；

　　3　不同湿陷类型场地、不同湿陷等级地基的平面分布。

4.1.8　评价湿陷性用的不扰动土样应为 I 级土样，且必须保持其天然的结构、密度和湿度。

5.7.3 湿陷性黄土场地的甲类、乙类建筑物桩基，其桩端必须穿透湿陷性黄土层，并应选择压缩性较低的岩土层作为桩端持力层。

6.1.1 甲类建筑地基的湿陷变形和压缩变形不能满足设计要求时，应采取地基处理措施或将基础设置在非湿陷性土层或岩层上，或采用桩基础穿透全部湿陷性黄土层。采取地基处理措施时应符合下列规定：

　　1 非自重湿陷性黄土场地，应将基础底面以下附加压力与上覆土的饱和自重压力之和大于湿陷起始压力的所有土层进行处理，或处理至地基压缩层的深度；

　　2 自重湿陷性黄土场地，对一般湿陷性黄土地基，应将基础底面以下湿陷性黄土层全部处理。

7.1.1 湿陷性黄土场地上建筑物及附属工程施工，应采取防止施工用水、场地雨水和邻近管道渗漏水渗入建筑物地基的措施。

7.4.5 当发现地基浸水湿陷或建筑物产生沉降裂缝时，应立即停止施工，切断有关水源，对建筑物的沉降和裂缝加强观测，并应查明原因。应经处理满足设计要求后，方可继续施工。

第十一章　混　凝　土

一、《预应力混凝土路面工程技术规范》GB 50422—2017

3.0.5　预应力混凝土路面混凝土强度应按 28d 龄期的混凝土弯拉强度控制，且不得小于表 3.0.5 的规定。

表 3.0.5　混凝土弯拉强度标准值

交通等级	极重	特重	重	中等
弯拉强度标准值 f_r（MPa）	5.0	5.0	5.0	4.5

4.2.5　混凝土路面中有效预应力引起的平均压应力在扣除板底摩阻力后不应小于 0.7MPa，且平均压应力不应大于 4.0MPa。

4.3.1　预应力混凝土路面面板与基层之间应设置滑动层。

二、《缓粘结预应力混凝土结构技术规程》JGJ 387—2017

4.1.3　缓粘结预应力混凝土结构构件除应根据设计状况进行承载力计算及正常使用极限状态验算外，尚应对施工阶段进行验算。

三、《无粘结预应力混凝土结构技术规程》JGJ 92—2016

3.1.1　无粘结预应力混凝土结构构件，除应根据设计状况进行承载力计算及正常使用极限状态验算外，尚应在施工阶段对实际受力状态进行验算。

3.2.1　根据不同耐火极限的要求，无粘结预应力钢绞线的混凝土保护层最小厚度应按表 3.2.1-1 及表 3.2.1-2采用。

表 3.2.1-1 板的混凝土保护层最小厚度（mm）

约束条件	耐火极限（h）			
	1	1.5	2	3
简支	25	30	40	55
连续	20	20	25	30

表 3.2.1-2 梁的混凝土保护层最小厚度（mm）

约束条件	梁宽	耐火极限（h）			
		1	1.5	2	3
简支	$200 \leqslant b < 300$	45	50	65	—
	$b \geqslant 300$	40	45	50	65
连续	$200 \leqslant b < 300$	40	40	45	50
	$b \geqslant 300$	40	40	40	45

6.3.7 无粘结预应力钢绞线张拉过程中应避免出现钢绞线滑脱或断丝。发生滑脱时，滑脱的钢绞线数量不应超过构件同一截面钢绞线总根数的3%；发生断丝时，断丝的数量不应超过构件同一截面钢绞线钢丝总数的3%，且每根钢绞线断丝不得超过一丝；对多跨双向连续板，其同一截面应按每跨计算。

四、《城镇给水预应力钢筒混凝土管管道工程技术规程》CJJ 224—2014

3.1.3 预应力钢筒混凝土管水泥砂浆保护层吸水率试验数据的平均值不应超过9%，单个值不应超过11%。水泥砂浆保护层吸水率试验方法应符合现行国家标准《混凝土输水管试验方法》GB/T 15345 的有关规定。

3.4.8 管道接口内缝隙的填充材料、胶圈、润滑剂及内壁防腐涂料卫生指标应符合国家现行有关卫生标准的规定。

5.3.5 对埋设在地下水位以下的管道，应验算抗浮稳定性。验算时，各种作用应采用标准值，抗浮稳定性验算应符合下式要求：

$$\frac{G_{1k}+F_{sv,k}}{F_{fw,k}} \geqslant K_f \qquad (5.3.5)$$

式中：G_{1k}——管自重标准值（kN/m）；

$F_{sv,k}$——管顶竖向土压力标准值（kN/m），按本规程附录 A 计算，计算时地下水位以下 γ_s 取浮重度；

$F_{fw,k}$——管道单位长度上浮托力标准值（kN/m）；

K_f——抗浮稳定性抗力系数，K_f 不应小于 1.1。

5.3.6 在管道敷设方向改变处应采取抗推力措施（支墩、桩或限制接头），并进行抗滑稳定性验算，验算时，各种作用应采用标准值，其抗滑稳定性抗力系数 K_s 不应低于 1.5；当采用限制接头连接多节管道抵抗推力时，抗滑稳定性抗力系数 K_s 不应低于 1.1。

7.1.1 工程采用的管材、管件、附件和主要原材料必须实行进场验收，验收时应检查每批产品的订购合同、质量合格证书、性能检验报告、使用说明书等，并应复验，验收合格后的产品应妥善保管。

8.1.1 管道安装完成后应进行水压试验。原水管道使用前应进行冲洗；生活饮用水管道并网前应进行冲洗、消毒。

9.0.2 预应力钢筒混凝土管管道工程竣工验收应在分项、分部、单位工程质量验收合格的基础上进行，管道工程施工质量控制应符合下列规定：

　　1 各分项工程应按照施工技术标准进行质量控制，每个分项工程完成后，必须进行检验；

　　2 相关各分项工程之间，必须进行交接检验，所有隐蔽分项工程必须进行隐蔽验收，未经检验或验收不合格时，不得进行下道分项工程施工。

五、《钢管混凝土结构技术规范》GB 50936—2014

3.1.4　抗震设计时，钢管混凝土结构的钢材应符合下列规定：

1　钢材的屈服强度实测值与抗拉强度实测值的比值不应大于 0.85；

2　钢材应有明显的屈服台阶，且伸长率不应小于 20%；

3　钢材应有良好的可焊性和合格的冲击韧性。

9.4.1　钢管混凝土结构中，混凝土严禁使用含氯化物类的外加剂。

六、《装配式混凝土结构技术规程》JGJ 1—2014

6.1.3　装配整体式结构构件的抗震设计，应根据设防类别、烈度、结构类型和房屋高度采用不同的抗震等级，并应符合相应的计算和构造措施要求。丙类装配整体式结构的抗震等级应按表 6.1.3 确定。

表 6.1.3　丙类装配整体式结构的抗震等级

结构类型		抗震设防烈度					
		6 度		7 度		8 度	
装配整体式框架结构	高度（m）	≤24	>24	≤24	>24	≤24	>24
	框架	四	三	三	二	二	一
	大跨度框架	三		二		一	
装配整体式框架-现浇剪力墙结构	高度（m）	≤60	>60	≤24	>24 且 ≤60	>60	≤24	>24 且 ≤60	>60
	框架	四	三	四	三	二	三	二	一
	剪力墙	三	三	三	二	一	二	一	
装配整体式剪力墙结构	高度（m）	≤70	>70	≤24	>24 且 ≤70	>70	≤24	>24 且 ≤70	>70
	剪力墙	四	三	四	三	二	三	二	一

续表 6.1.3

结构类型		抗震设防烈度					
		6度		7度			8度	

结构类型		6度 ≤70	6度 >70	7度 ≤24	7度 >24且≤70	7度 >70	8度 ≤24	8度 >24且≤70
装配整体式部分框支剪力墙结构	现浇框支框架	二	二	二	二		一	一
	底部加强部位剪力墙	三	二	三	二		一	一
	其他区域剪力墙	四	三	四	三	二	三	二

注：大跨度框架指跨度不小于 18m 的框架。

11.1.4 预制结构构件采用钢筋套筒灌浆连接时，应在构件生产前进行钢筋套筒灌浆连接接头的抗拉强度试验，每种规格的连接接头试件数量不应少于 3 个。

七、《钢管混凝土拱桥技术规范》GB 50923—2013

7.4.1 钢管混凝土拱桥的吊索与系杆索必须具有可检查、可更换的构造与措施。

7.5.1 中承式和下承式拱桥的悬吊桥面系应采用整体性结构，以横梁受力为主的悬吊桥面系必须设置加劲纵梁，并应具有一根横梁两端相对应的吊索失效后不落梁的能力。

八、《混凝土结构后锚固技术规程》JGJ 145—2013

4.3.15 未经技术鉴定或设计许可，不得改变后锚固连接的用途和使用环境。

第十二章 其 他

一、《点挂外墙板装饰工程技术规程》JGJ 321—2014

4.1.6 点挂外墙板应与主体结构可靠连接，锚固件与主体结构的锚固承载力应通过现场拉拔试验进行验证。

二、《建筑外墙清洗维护技术规程》JGJ 168—2009

4.1.3 清洗维护不得采用 pH 值小于 4 或 pH 值大于 10 的清洗剂以及有毒有害化学品。

5.5.5 清洗维护作业时，不得在同一垂直方向的上下面同时作业。

三、《门式刚架轻型房屋钢结构技术规范》GB 51022—2015

14.2.5 门式钢架轻型房屋钢结构在安装过程中，应根据设计和施工工况要求，采取措施保证结构整体稳固性。

四、《轻型钢结构住宅技术规程》JGJ 209—2010

3.1.2 轻钢结构采用的钢材应具有抗拉强度、伸长率、屈服强度以及硫、磷含量的合格保证。对焊接承重结构的钢材尚应具有碳含量的合格保证和冷弯试验的合格保证。对有抗震设防要求的承重结构钢材的屈服强度实测值与抗拉强度实测值的比值不应大于 0.85，伸长率不应小于 20%。

3.1.8 不配钢筋的纤维水泥类板材和不配钢筋的水泥加气发泡类板材不得用于楼板及楼梯间和人流通道的墙体。

4.4.3 外墙保温板应采用整体外包钢结构的安装方式。当采用填充钢框架式外墙时，外露钢结构部位应做外保温隔热处理。

5.1.4 轻型钢结构住宅结构构件承载力应符合下列要求：

    1 无地震作用组合 $\gamma_0 S_d \leqslant R_d$ (5.1.4-1)

    2 有地震作用组合 $S_d \leqslant R_d / \gamma_{RE}$ (5.1.4-2)

式中 γ_0——结构重要性系数，对于一般钢结构住宅安全等级取二级，当设计使用年限不少于 50 年时，γ_0 取值不应小于 1.0；

      S_d——作用组合的效应设计值，应按本规程第 5.1.5 条规定计算；

      R_d——结构或结构构件的抗力设计值；

    γ_{RE}——承载力抗震调整系数，按现行国家标准《建筑抗震设计规范》GB 50011 的规定取值。

5.1.5 作用组合的效应设计值应按下列公式确定：

    1 无地震作用组合的效应：

$$S_d = \gamma_G S_{Gk} + \psi_Q \gamma_Q S_{Qk} + \psi_w \gamma_w S_{wk} \qquad (5.1.5-1)$$

式中 γ_G——永久荷载分项系数，当可变荷载起控制作用时应取 1.2，当永久荷载起控制作用时应取 1.35，当重力荷载效应对构件承载力有利时不应大于 1.0；

      γ_Q——楼（屋）面活荷载分项系数，应取 1.4；

      γ_w——风荷载分项系数，应取 1.4；

     S_{Gk}——永久荷载效应标准值；

     S_{Qk}——楼（屋）面活荷载效应标准值；

     S_{wk}——风荷载效应标准值；

  ψ_Q、ψ_w——分别为楼（屋）面活荷载效应组合值系数和风荷载效应组合值系数，当永久荷载起控制作用时应分别取 0.7 和 0.6；当可变荷载起控制作用时应分别取 1.0 和 0.6 或 0.7 和 1.0。

    2 有地震作用组合的效应：

$$S_d = \gamma_G S_{Gk} + \gamma_{Eh} S_{Ehk} \qquad (5.1.5-2)$$

式中 S_{Gk}——重力荷载代表值效应的标准值；

S_{Ehk}——水平地震作用效应标准值;

γ_{Eh}——水平地震作用分项系数,应取1.3。

3 计算变形时,应采用作用(荷载)效应的标准组合,即公式(5.1.5-1)和公式(5.1.5-2)中的分项系数均应取1.0。

五、《低层冷弯薄壁型钢房屋建筑技术规程》JGJ 227—2011

3.2.1 冷弯薄壁型钢钢材强度设计值应按表3.2.1采用。

表3.2.1 冷弯薄壁型钢钢材的强度设计值(N/mm²)

钢材牌号	钢材厚度 t(mm)	屈服强度 f_y	抗拉、抗压和抗弯 f	抗剪 f_v	端面承压(磨平顶紧) f_c
Q235	$t \leqslant 2$	235	205	120	310
Q345	$t \leqslant 2$	345	300	175	400
LQ550	$t \leqslant 6$	530	455	260	
	$0.6 \leqslant t \leqslant 0.9$	500	430	250	—
	$0.9 < t \leqslant 1.2$	465	400	230	
	$1.2 < t \leqslant 1.5$	420	360	210	

4.5.3 冷弯薄壁型钢结构承重构件的壁厚不应小于0.6mm,主要承重构件的壁厚不应小于0.75mm。

12.0.2 建筑中的下列部位应采用耐火极限不低于1.00h的不燃烧体墙和楼板与其他部位分隔:

1 配电室、锅炉房、机动车库。

2 资料库(室)、档案库(室)、仓储室。

3 公共厨房。

六、《民用建筑节水设计标准》GB 50555—2010

4.1.5 景观用水水源不得采用市政自来水和地下井水。

4.2.1 设有市政或小区给水、中水供水管网的建筑,生活给水系统应充分利用城镇供水管网的水压直接供水。

5.1.2　民用建筑采用非传统水源时，处理出水必须保障用水终端的日常供水水质安全可靠，严禁对人体健康和室内卫生环境产生负面影响。

七、《住宅信报箱工程技术规范》GB 50631—2010

1.0.3　城镇新建、改建、扩建的住宅小区、住宅建筑工程，应将信报箱工程纳入建筑工程统一规划、设计、施工和验收，并应与建筑工程同时投入使用。

3.0.1　住宅信报箱应按住宅套数设置，每套住宅应设置一个格口。

八、《会议电视会场系统工程设计规范》GB 50635—2010

3.1.8　会议电视会场的各种吊装设备和吊装件必须有可靠的安全保障措施。

3.4.3　光源、灯具的设计应符合下列规定：

　　6　灯具的外壳应可靠接地。

　　7　灯具及其附件应采取防坠落措施。

　　8　当灯具需要使用悬吊装置时，其悬吊装置的安全系数不应小于 9。

3.4.4　调光、控制系统的设计应符合下列规定：

　　5　调光设备的金属外壳应可靠接地。

　　6　灯光电缆必须采用阻燃型铜芯电缆。

九、《预制组合立管技术规范》GB 50682—2011

5.4.6　预制组合立管单元节装配完成后必须进行转立试验，并应符合下列规定：

　　1　应进行全数试验和检查。

　　2　试验单元节应由平置状态起吊至垂立悬吊状态，静置 5min，过程无异响；平置后检查单元节，焊缝应无裂纹，紧固件无松动或位移，部件无形变为合格。

6.2.3 单元节松钩前应就位稳定，且可转动支架与管道框架连接螺栓应全部紧固完成。

十、《冰雪景观建筑技术规程》JGJ 247—2011

4.3.3 建筑高度大于 10m 的冰景观建筑和允许游人进入内部或上部观赏的冰雪景观建筑物、构筑物等应进行结构设计。

4.3.6 冰雪景观建筑中，可与游人直接接触的砌体结构垂直高度大于 5m 时，应作收分或阶梯式处理，且其上部最高处的砌体部分或悬挑部分的垂直投影与冰雪景观建筑基底外边缘的缩回距离不应小于 500mm，并应符合下列规定：

1 应有抗倾覆和抗滑移措施；

2 冰砌体厚度不得小于 700mm，并应分层砌筑，缝隙粘结率不得低于 80%；

3 雪体厚度不得小于 900mm，并应按设计密度值要求分层夯实。

4.3.9 冰、雪活动项目类设计应符合下列规定：

1 冰、雪攀爬活动项目高度超过 5m 时，应采取安全攀登防护措施，并应提供或安装经安全测试合格的攀登辅助工具，顶部应设安全维护设施、疏散平台和通道。

2 冰、雪滑梯的滑道应平坦、流畅，并应符合下列规定：

　　1）直线滑道宽度不应小于 500mm，曲线滑道宽度不应小于 600mm；滑道护栏高度不应低于 500mm，厚度不应小于 250mm；

　　2）转弯处滑道应进行加高加固处理，曲线部分护栏高度不应小于 700mm，并应在转弯坡度变化区域，设警示标志，在坡道终端应设缓冲道，缓冲道长度应通过计算或现场试验确定，终点处应设防护设施；

　　3）滑道长度超过 30m 的滑梯类活动，应采用下滑工具；采用下滑工具的滑道平均坡度不应大于 10°，不采用下滑工具的滑道平均坡度不应大于 25°；

4) 下滑工具应形体圆滑，选用摩擦系数小、坚固、耐用、轻质材料制作，并应经安全测试合格方可使用。

3 溜冰、滑雪等项目设计应符合滑冰场、滑雪场的相关规定。

4 利用冰、雪自行车，雪地摩托车，冰、雪碰碰车等进行特殊游乐活动的工具应采用安全合格产品；场地应符合设计要求，且应设计安全防护设施。

4.4.4 冰景观建筑基础设计应符合下列规定：

1 高度大于 10m，落地短边长度大于 6m 的冰建筑应进行基础设计，地基承载力应按非冻土强度计算，且应考虑冰建筑周边土的冻胀因素。

2 软土或回填土地基不能满足设计要求时，应采取减小基底压力、提高冰砌体整体刚度和承载力的措施。

3 对于高度大于 10m 的冰建筑基础，不能满足天然地基设计条件时，应采用水浇冻土地基等加固措施进行地基处理。处理后的地基承载力应达到设计要求。

5.1.3 建筑高度超过 30m 的冰建筑，施工期内应按现行行业标准《建筑变形测量规范》JGJ/T 8 的有关规定进行沉降和变形观测。

5.4.3 冰建筑承重墙、柱必须坐落在实体地基上，严禁坐落在碎冰层上。

5.5.5 施工期间，应对冰砌体进行温度监测。当冰体温度高于设计温度或砌筑水不能冻结时，应停止施工，并应采用遮光、防风材料遮挡等保护冰景的措施。

5.5.7 冰砌体墙的砌筑应符合下列规定：

1 内部采用碎冰填充的大体量冰建筑或冰景，当外侧冰墙高度大于 6m 时，冰墙组砌厚度不应小于 900mm，当外侧冰墙高度小于 6m 时，冰墙组砌厚度不应小于 600mm，且应满足冰墙高厚比的要求；

2 冰砌体组砌上下皮冰块应上、下错缝，内外搭砌；错缝、搭砌长度应为 1/2 冰砌体长度，且不应小于 120mm；

3 每皮冰块砌筑高度应一致，表面用刀锯划出注水线；冰砌体的水平缝及垂直缝不应大于 2mm，且应横平竖直，砌体表面光滑、平整；

4 单体冰景观建筑同一标高的冰砌体（墙）应连续同步砌筑；当不能同步砌筑时，应错缝留斜槎，留槎部位高差不应大于 1.5m。

5.6.4 冰建筑施工脚手架和垂直运输设备应独立搭设，不得与冰建筑接触。

十一、《钢筋锚固板应用技术规程》JGJ 256—2011

3.2.3 钢筋锚固板试件的极限拉力不应小于钢筋达到极限强度标准值时的拉力 $f_{stk}A_s$。

6.0.7 对螺纹连接钢筋锚固板的每一验收批，应在加工现场随机抽取 3 个试件作抗拉强度试验，并应按本规程第 3.2.3 条的抗拉强度要求进行评定。3 个试件的抗拉强度均应符合强度要求，该验收批评为合格。如有 1 个试件的抗拉强度不符合要求，应再取 6 个试件进行复检。复检中如仍有 1 个试件的抗拉强度不符合要求，则该验收批应评为不合格。

6.0.8 对焊接连接钢筋锚固板的每一验收批，应随机抽取 3 个试件，并按本规程第 3.2.3 条的抗拉强度要求进行评定。3 个试件的抗拉强度均应符合强度要求，该验收批评为合格。如有 1 个试件的抗拉强度不符合要求，应再取 6 个试件进行复检。复检中如仍有 1 个试件的抗拉强度不符合要求，则该验收批应评为不合格。

十二、《建筑中水设计标准》GB 50336—2018

1.0.5 建筑中水工程应按照国家、地方有关规定配套建设。中水设施必须与主体工程同时设计，同时施工，同时使用。

1.0.8 建筑中水设计必须有确保使用、维修的安全措施，严禁中水进入生活饮用水给水系统。

3.1.6 下列排水严禁作为中水原水：

1 医疗污水；

2 放射性废水；

3 生物污染废水；

4 重金属及其他有毒有害物质超标的排水。

5.4.1 中水供水系统与生活饮用水给水系统应分别独立设置。

5.4.7 中水管道上不得装设取水龙头。当装有取水接口时，必须采取严格的误饮、误用的防护措施。

6.2.17 中水处理必须设有消毒设施。

8.1.1 中水管道严禁与生活饮用水给水管道连接。

8.1.2 中水贮存池（箱）内的自来水补水管应采取防污染措施，自来水补水管应从水箱上部或顶部接入，补水管口最低点高出溢流边缘的空气间隙不应小于150mm。

8.1.5 中水管道应采取下列防止误接、误用、误饮的措施：

1 中水管网中所有组件和附属设施的显著位置应配置"中水"耐久标识，中水管道应涂浅绿色，埋地、暗敷中水管道应设置连续耐久标志带；

2 中水管道取水接口处应配置"中水禁止饮用"的耐久标识；

3 公共场所及绿化、道路喷洒等杂用的中水用水口应设带锁装置；

4 中水管道设计时，应进行检查防止错接；工程验收时应逐段进行检查，防止误接。

8.1.7 采用电解法现场制备二氧化氯，或处理工艺可能产生有害气体的中水处理站，应设置事故通风系统。事故通风量应根据放散物的种类、安全及卫生浓度要求，按全面排风计算确定，且每小时换气次数不应小于12次。

十三、《城市公共厕所设计标准》CJJ 14—2016

4.2.7 固定式公共厕所应设置洗手盆。

4.5.4 城市公共厕所的卫生设备安装时，严禁给水管道与排水管道直接连接；严禁采用再生水作为洗手盆的水源。

5.0.11 化粪池和贮粪池距离地下取水构筑物不得小于30m。

7.0.1 公共厕所无障碍设施应与公共厕所同步设计、同步建设。

十四、《建筑防烟排烟系统技术标准》GB 51251—2017

3.1.2 建筑高度大于50m的公共建筑、工业建筑和建筑高度大于100m的住宅建筑，其防烟楼梯间、独立前室、共用前室、合用前室及消防电梯前室应采用机械加压送风系统。

3.1.5(2) 当采用合用前室时，楼梯间、合用前室应分别独立设置机械加压送风系统。

3.1.5(3) 当采用剪刀楼梯时，其两个楼梯间及其前室的机械加压送风系统应分别独立设置。

3.2.1 采用自然通风方式的封闭楼梯间、防烟楼梯间，应在最高部位设置面积不小于 $1.0m^2$ 的可开启外窗或开口；当建筑高度大于10m时，尚应在楼梯间的外墙上每5层内设置总面积不小于 $2.0m^2$ 的可开启外窗或开口，且布置间隔不大于3层。

3.2.2 前室采用自然通风方式时，独立前室、消防电梯前室可开启外窗或开口的面积不应小于 $2.0m^2$，共用前室、合用前室不应小于 $3.0m^2$。

3.2.3 采用自然通风方式的避难层（间）应设有不同朝向的可开启外窗，其有效面积不应小于该避难层（间）地面面积的 2%，且每个朝向的面积不应小于 $2.0m^2$。

3.3.1 建筑高度大于100m的建筑，其机械加压送风系统应竖向分段独立设置，且每段高度不应超过100m。

3.3.7 机械加压送风系统应采用管道送风，且不应采用土建风道。送风管道应采用不燃材料制作且内壁应光滑。当送风管道内壁为金属时，设计风速不应大于20m/s；当送风管道内壁为非金属时，设计风速不应大于15m/s；送风管道的厚度应符合现行国家标准《通风与空调工程施工质量验收规范》GB 50243 的规定。

3.3.11 设置机械加压送风系统的封闭楼梯间、防烟楼梯间，尚应在其顶部设置不小于 1m² 的固定窗。靠外墙的防烟楼梯间，尚应在其外墙上每 5 层内设置总面积不小于 2m² 的固定窗。

3.4.1 机械加压送风系统的设计风量不应小于计算风量的 1.2 倍。

4.4.1 当建筑的机械排烟系统沿水平方向布置时，每个防火分区的机械排烟系统应独立设置。

4.4.2 建筑高度超过 50m 的公共建筑和建筑高度超过 100m 的住宅，其排烟系统应竖向分段独立设置，且公共建筑每段高度不应超过 50m，住宅建筑每段高度不应超过 100m。

4.4.7 机械排烟系统应采用管道排烟，且不应采用土建风道。排烟管道应采用不燃材料制作且内壁应光滑。当排烟管道内壁为金属时，管道设计风速不应大于 20m/s；当排烟管道内壁为非金属时，管道设计风速不应大于 15m/s；排烟管道的厚度应按现行国家标准《通风与空调工程施工质量验收规范》GB 50243 的有关规定执行。

4.4.10 排烟管道下列部位应设置排烟防火阀：

 1 垂直风管与每层水平风管交接处的水平管段上；

 2 一个排烟系统负担多个防烟分区的排烟支管上；

 3 排烟风机入口处；

 4 穿越防火分区处。

4.5.1 除地上建筑的走道或建筑面积小于 500m² 的房间外，设置排烟系统的场所应设置补风系统。

4.5.2 补风系统应直接从室外引入空气，且补风量不应小于排烟量的 50%。

4.6.1 排烟系统的设计风量不应小于该系统计算风量的 1.2 倍。

5.1.2 加压送风机的启动应符合下列规定：

 1 现场手动启动；

 2 通过火灾自动报警系统自动启动；

 3 消防控制室手动启动；

4 系统中任一常闭加压送风口开启时，加压风机应能自动
启动。

5.1.3 当防火分区内火灾确认后，应能在 15s 内联动开启常闭
加压送风口和加压送风机，并应符合下列规定：

1 应开启该防火分区楼梯间的全部加压送风机；

2 应开启该防火分区内着火层及其相邻上下层前室及合用
前室的常闭送风口，同时开启加压送风机。

5.2.2 排烟风机、补风机的控制方式应符合下列规定：

1 现场手动启动；

2 火灾自动报警系统自动启动；

3 消防控制室手动启动；

4 系统中任一排烟阀或排烟口开启时，排烟风机、补风机
自动启动；

5 排烟防火阀在 280℃ 时应自行关闭，并应连锁关闭排烟
风机和补风机。

8.1.1 系统竣工后，应进行工程验收，验收不合格不得投入
使用。

十五、《无障碍设计规范》GB 50763—2012

3.7.3 升降平台应符合下列规定：

3 垂直升降平台的基坑应采用防止误入的安全防护措施；

5 垂直升降平台的传送装置应有可靠的安全防护装置。

4.4.5 人行天桥桥下的三角区净空高度小于 2.00m 时，应安装
防护设施，并应在防护设施外设置提示盲道。

6.2.4 无障碍游览路线应符合下列规定：

5 在地形险要的地段应设置安全防护设施和安全警示线；

6.2.7 标识与信息应符合下列规定：

4 危险地段应设置必要的警示、提示标志及安全警示线。

8.1.4 建筑内设有电梯时，至少应设置 1 部无障碍电梯。

第六篇　建筑材料与环境保护

一、《普通混凝土用砂、石质量及检验方法标准》JGJ 52—2006

1.0.3　对于长期处于潮湿环境的重要混凝土结构所用的砂、石，应进行碱活性检验。

3.1.10　砂中氯离子含量应符合下列规定：

　　1　对于钢筋混凝土用砂，其氯离子含量不得大于 0.06%（以干砂的质量百分率计）；

　　2　对于预应力混凝土用砂，其氯离子含量不得大于 0.02%（以干砂的质量百分率计）。

二、《混凝土用水标准》JGJ 63—2006

3.1.7　未经处理的海水严禁用于钢筋混凝土和预应力混凝土。

三、《普通混凝土配合比设计规程》JGJ 55—2011

6.2.5　对耐久性有设计要求的混凝土应进行相关耐久性试验验证。

四、《混凝土外加剂应用技术规范》GB 50119—2013

3.1.3　含有六价铬盐、亚硝酸盐和硫氰酸盐成分的混凝土外加剂，严禁用于饮水工程中建成后与饮用水直接接触的混凝土。

3.1.4　含有强电解质无机盐的早强型普通减水剂、早强剂、防冻剂和防水剂，严禁用于下列混凝土结构：

　　1　与镀锌钢材或铝铁相接触部位的混凝土结构；

　　2　有外露钢筋预埋铁件而无防护措施的混凝土结构；

　　3　使用直流电源的混凝土结构；

　　4　距高压直流电源 100m 以内的混凝土结构。

3.1.5　含有氯盐的早强型普通减水剂、早强剂、防水剂和氯盐类防冻剂，严禁用于预应力混凝土、钢筋混凝土和钢纤维混凝土结构。

3.1.6 含有硝酸铵、碳酸铵的早强型普通减水剂、早强剂和含有硝酸铵、碳酸铵、尿素的防冻剂，严禁用于办公、居住等有人员活动的建筑工程。

3.1.7 含有亚硝酸盐、碳酸盐的早强型普通减水剂、早强剂、防冻剂和含亚硝酸盐的阻锈剂，严禁用于预应力混凝土结构。

五、《混凝土质量控制标准》GB 50164—2011

6.1.2 混凝土拌合物在运输和浇筑成型过程中严禁加水。

六、《轻骨料混凝土技术规程》JGJ 51—2002

5.1.5 在轻骨料混凝土配合比中加入化学外加剂或矿物掺和料时，其品种、掺量和对水泥的适应性，必须通过试验确定。

5.3.6 计算出的轻骨料混凝土配合比必须通过试配予以调整。

6.2.3 轻骨料混凝土拌合物必须采用强制式搅拌机搅拌。

七、《清水混凝土应用技术规程》JGJ 169—2009

3.0.4 处于潮湿环境和干湿交替环境的混凝土，应选用非碱活性骨料。

4.2.3 对于处于露天环境的清水混凝土结构，其纵向受力钢筋的混凝土保护层最小厚度应符合表4.2.3的规定。

表4.2.3　纵向受力钢筋的混凝土保护层最小厚度（mm）

部　位	保护层最小厚度
板、墙、壳	25
梁	35
柱	35

注：钢筋的混凝土保护层厚度为钢筋外边缘至混凝土表面的距离。

八、《海砂混凝土应用技术规范》JGJ 206—2010

3.0.1 用于配制混凝土的海砂应作净化处理。

九、《墙体材料应用统一技术规范》GB 50574—2010

3.1.4 墙体不应采用非蒸压硅酸盐砖（砌块）及非蒸压加气混凝土制品。

3.1.5 应用氯氧镁墙材制品时应进行吸潮返卤、翘曲变形及耐水性试验，并应在其试验指标满足使用要求后用于工程。

3.2.1 块体材料的外形尺寸除应符合建筑模数要求外，尚应符合下列规定：

1 非烧结含孔块材的孔洞率、壁及肋厚度等应符合表3.2.1的要求；

表 3.2.1　非烧结含孔块材的孔洞率、壁及肋厚度要求

块体材料类型及用途		孔洞率（%）	最小外壁（mm）	最小肋厚（mm）	其他要求
含孔砖	用于承重墙	≤35	15	15	孔的长度与宽度比应小于2
	用于自承重墙	—	10	10	—
砌块	用于承重墙	≤47	30	25	孔的圆角半径不应小于20mm
	用于自承重墙	—	15	15	—

注：1　承重墙体的混凝土多孔砖的孔洞应垂直于铺浆面。当孔的长度与宽度比不小于2时，外壁的厚度不应小于18mm；当孔的长度与宽度比小于2时，壁的厚度不应小于15mm。

2　承重含孔块材，其长度方向的中部不得设孔，中肋厚度不宜小于20mm。

6 蒸压加气混凝土砌块不应有未切割面，其切割面不应有切割附着屑；

3.2.2 块体材料强度等级应符合下列规定：

1 产品标准除应给出抗压强度等级外，尚应给出其变异系数的限值；

2 承重砖的折压比不应小于表3.2.2-1的要求；

表 3.2.2-1　承重砖的折压比

砖种类	高度(mm)	砖强度等级				
		MU30	MU25	MU20	MU15	MU10
		折压比				
蒸压普通砖	53	0.16	0.18	0.20	0.25	—
多孔砖	90	0.21	0.23	0.24	0.27	0.32

注：1　蒸压普通砖包括蒸压灰砂实心砖和蒸压粉煤灰实心砖；
　　2　多孔砖包括烧结多孔砖和混凝土多孔砖。

3.4.1　设计有抗冻性要求的墙体时，砂浆应进行冻融试验，其抗冻性能应与墙体块材相同。

4.1.8　建筑设计不得采用含有石棉纤维、未经防腐和防虫蛀处理的植物纤维墙体材料。

5.4.2　夹心保温复合墙应进行抗风设计。

5.4.3　外墙板应进行抗风及连接设计，板材与主体结构应柔性连接。

5.5.2　外墙板与主体结构连接件承载力设计的安全等级应提高一级。

6.1.9　外保温复合墙的饰面层选用非薄抹灰时，应对由饰面层自重累积作用所产生的变形影响采取构造措施。

6.1.10　内保温复合墙与梁、柱相接触部位，应采取防裂措施。

十、《建筑玻璃应用技术规程》JGJ 113—2015

8.2.2　屋面玻璃或雨篷玻璃必须使用夹层玻璃或夹层中空玻璃。其胶片厚度不应小于 0.76mm。

9.1.2　地板玻璃必须采用夹层玻璃，点支承地板玻璃必须采用钢化夹层玻璃。钢化玻璃必须进行均质处理。

十一、《混凝土结构成型钢筋应用技术规程》JGJ 366—2015

4.1.6 HRB335E、HRB400E、HRB500E、HRBF335E、HRBF400E 或 HRBF500E 钢筋应用在按一、二、三级抗震等级设计的框架和斜撑构件（含梯段）中的纵向受力部位时，其强度和最大力下总伸长率的实测值应符合现行国家标准《混凝土结构工程施工质量验收规范》GB 50204 的有关规定，其中 HRB335E 和 HRBF335E 不得用于框架梁、柱的纵向受力钢筋，只可用于斜撑构件。

4.2.3 钢筋进加工厂时，加工配送企业应按国家现行相关标准的规定抽取试件作屈服强度、抗拉强度、伸长率、弯曲性能和重量偏差检验，检验结果应符合国家现行相关标准的规定。

检查数量：按进厂批次和产品的抽样检验方案确定。

检验方法：检查钢筋质量证明文件和抽样检验报告。

十二、《低温环境混凝土应用技术规范》GB 51081—2015

4.1.2 低温环境混凝土的轴心抗压强度标准值应按表 4.1.2-1 采用，低温环境混凝土的轴心抗拉强度标准值应按表 4.1.2-2 采用。

表 4.1.2-1　低温环境混凝土轴心抗压强度标准值 f_{ck}^{CT}（N/mm²）

混凝土强度等级 \ 温度值 T(℃)	常温环境	−40	−60	−80	−100	−120	−140	−160	−180	−197
C40	26.8	28.0	30.2	32.6	34.7	35.7	36.2	36.5	36.6	36.6
C45	29.6	30.9	33.2	36.0	38.0	39.1	39.7	40.0	40.1	40.1
C50	32.4	33.7	36.2	39.0	41.3	42.5	43.1	43.4	43.5	43.6
C55	35.5	36.7	39.5	42.4	45.0	46.3	46.9	47.2	47.3	47.4
C60	38.5	40.0	42.7	45.8	48.5	49.9	50.6	50.9	51.0	51.1

表 4.1.2-2　低温环境混凝土轴心抗拉强度标准值 f_{ck}^{CT}（N/mm²）

f_{ck}^{CT} ＼ 温度值 T(℃) 混凝土强度等级	常温环境	－40	－60	－80	－100	－120	－140	－160	－180	－197
C40	2.39	2.50	2.71	2.95	3.14	3.23	3.28	3.30	3.32	3.32
C45	2.51	2.63	2.84	3.08	3.28	3.38	3.42	3.45	3.46	3.46
C50	2.64	2.76	2.97	3.22	3.43	3.53	3.58	3.60	3.62	3.62
C55	2.74	2.86	3.08	3.33	3.54	3.64	3.69	3.72	3.73	3.74
C60	2.85	2.97	3.19	3.45	3.66	3.77	3.82	3.85	3.86	3.87

4.1.3　低温环境混凝土的轴心抗压强度设计值应按表 4.1.3-1 采用，低温环境混凝土的轴心抗拉强度设计值应按表 4.1.3-2 采用。

表 4.1.3-1　低温环境混凝土轴心抗压强度设计值 f_c^{CT}（N/mm²）

f_c^{CT} ＼ 温度值 T(℃) 混凝土强度等级	常温环境	－40	－60	－80	－100	－120	－140	－160	－180	－197
C40	19.1	20.0	21.5	23.3	24.8	25.5	25.9	26.1	26.2	26.2
C45	21.1	22.0	23.7	25.6	27.2	28.0	28.4	28.5	28.6	28.6
C50	23.1	24.1	25.8	27.8	29.5	30.4	30.8	31.0	31.1	31.1
C55	25.3	26.4	28.2	30.3	32.1	33.0	33.5	33.7	33.8	33.9
C60	27.5	28.6	30.5	32.7	34.6	35.6	36.1	36.3	36.4	36.5

表 4.1.3-2　低温环境混凝土的轴心抗拉强度设计值 f_t^{CT}（N/mm²）

f_t^{CT} ＼ 温度值 T(℃) 混凝土强度等级	常温环境	－40	－60	－80	－100	－120	－140	－160	－180	－197
C40	1.71	1.79	1.94	2.10	2.24	2.31	2.34	2.36	2.37	2.37
C45	1.80	1.88	2.03	2.20	2.34	2.41	2.45	2.46	2.47	2.47
C50	1.89	1.97	2.12	2.30	2.45	2.52	2.56	2.57	2.58	2.58
C55	1.96	2.04	2.20	2.38	2.53	2.60	2.64	2.66	2.67	2.67
C60	2.04	2.12	2.28	2.47	2.62	2.69	2.73	2.75	2.76	2.77

7.1.2　低温环境混凝土拌合物在运输和浇筑过程中严禁加水。

十三、《铁尾矿砂混凝土应用技术规范》GB 51032—2014

4.1.5　铁尾矿砂中的硫化物及硫酸盐含量不得大于 0.5%（按 SO_3 质量计）。

十四、《纤维增强复合材料建设工程应用技术规范》GB 50608—2010

3.2.2　用于结构加固的玻璃纤维布、GFRP 筋和 GFRP 管中的玻璃纤维，应使用高强型、含碱量小于 0.8% 的无碱玻璃纤维或耐碱玻璃纤维，不得使用中碱玻璃纤维及高碱玻璃纤维。

3.3.2　粘结材料的主要性能指标应满足表 3.3.2-1～表 3.3.2-4 的规定。

表 3.3.2-1　底层树脂性能指标

项　目	性能指标
混合后初黏度（25℃）	≤2000MPa・s
适用期（25℃）	≥40min
凝胶时间（25℃）	≤12h

表 3.3.2-2　找平材料性能指标

项　目	性能指标
适用期（25℃）	≥40min
凝胶时间（25℃）	≤12h

表 3.3.2-3　浸渍树脂性能指标

项　目	性能指标
混合后初黏度（25℃）	4000MPa・s～20000MPa・s
触变指数 TI	≥1.7

续表 3.3.2-3

项　目	性能指标
适用期（25℃）	≥40min
凝胶时间（25℃）	≤12h
拉伸强度	≥30MPa
拉伸弹性模量	≥1500MPa
伸长率	≥1.8%
压缩强度	≥70MPa
弯曲强度	≥40MPa
拉伸剪切强度	≥10MPa
层间剪切强度	≥35MPa

表 3.3.2-4　FRP 板粘接剂性能指标

项　目	性能指标
适用期（25℃）	≥40min
凝胶时间（25℃）	≤12h
拉伸强度	≥25MPa
拉伸弹性模量	≥2500MPa
压缩强度	≥70MPa
弯曲强度	≥30MPa
拉伸剪切强度（钢-钢）	≥14MPa
对接接头拉伸强度（钢-钢）	≥25MPa

注：适用期（25℃）指标指常温型粘接树脂的性能指标，其他性能指标试件的固化条件除另有规定外，固化方式均为 23℃±2℃下固化 7d。

4.1.3 粘贴 FRP 片材进行抗弯加固和抗剪加固时，被加固混凝土构件的实测混凝土强度等级不应低于 C15。采用 FRP 片材约束加固混凝土柱时，实测混凝土强度等级不应低于 C10。

4.1.6 采用 FRP 片材加固混凝土结构时，被加固结构的原承载力设计值不应低于其荷载效应准永久组合值。

4.6.9 碳纤维施工时应采取避免对周围带电设备造成损伤的防护措施。施工完成后应及时清理现场残留的碳纤维片材废料。

十五、《人工碎卵石复合砂应用技术规程》JGJ 361—2014

8.1.2 现场复合砂应对其原材料人工碎卵石砂、细砂或特细砂按同产地、同规格分批进行检验，并应对混合后的现场复合砂的颗粒级配、含泥量、泥块含量进行检验，对同配比的混凝土，每400m^3 或 600t 现场复合砂应至少检验 1 次。

十六、《干混砂浆生产线设计规范》GB 51176—2016

7.3.4 变压器选择应符合下列规定：

1 车间内变电所应选用干式变压器；

10.1.1 环境保护设计应按环境影响评价报告的要求，采取相应措施防治废气、废水、固体废弃物及噪声对环境的污染。

十七、《钢结构防火涂料》GB 14907—2018[①]

5.1.5 膨胀型钢结构防火涂料的涂层厚度不应小于 1.5mm，非膨胀型钢结构防火涂料的涂层厚度不应小于 15mm。

5.2 性能要求

5.2.1 室内钢结构防火涂料的理化性能应符合表 2 的规定。

表 2　室内钢结构防火涂料的理化性能

序号	理化性能项目	技术指标		缺陷类别
		膨胀型	非膨胀型	
1	在容器中的状态	经搅拌后呈均匀细腻状态或稠厚流体状态，无结块	经搅拌后呈均匀稠厚流体状态，无结块	C
2	干燥时间（表干）/h	≤12	≤24	C

---

① 限于篇幅，只放了很少量的几个，更多的请购买闫军主编的《建筑材料强制性条文速查手册》。

续表 2

序号	理化性能项目	技术指标		缺陷类别
		膨胀型	非膨胀型	
3	初期干燥抗裂性	不应出现裂纹	允许出现 1～3 条裂纹，其宽度应 ≤0.5mm	C
4	粘结强度/MPa	≥0.15	≥0.04	A
5	抗压强度/MPa	—	≥0.3	C
6	干密度/(kg/m³)	—	≤500	C
7	隔热效率偏差	±15%	±15%	—
8	pH 值	≥7	≥7	C
9	耐水性	24h 试验后，涂层应无起层、发泡、脱落现象，且隔热效率衰减量应≤35%	24h 试验后，涂层应无起层、发泡、脱落现象，且隔热效率衰减量应≤35%	A
10	耐冷热循环性	15 次试验后，涂层应无开裂、剥落、起泡现象，且隔热效率衰减量应≤35%	15 次试验后，涂层应无开裂、剥落、起泡现象，且隔热效率衰减量应≤35%	B

注 1：A 为致命缺陷，B 为严重缺陷，C 为轻缺陷；"—"表示无要求。

注 2：隔热效率偏差只作为出厂检验项目。

注 3：pH 值只适用于水基性钢结构防火涂料。

5.2.2 室外钢结构防火涂料的理化性能应符合表 3 的规定。

表 3　室外钢结构防火涂料的理化性能

序号	理化性能项目	技术指标		缺陷类别
		膨胀型	非膨胀型	
1	在容器中的状态	经搅拌后呈均匀细腻状态或稠厚流体状态，无结块	经搅拌后呈均匀稠厚流体状态，无结块	C

续表3

序号	理化性能项目	技术指标		缺陷类别
		膨胀型	非膨胀型	
2	干燥时间(表干)/h	≤12	≤24	C
3	初期干燥抗裂性	不应出现裂纹	允许出现1~3条裂纹，其宽度应≤0.5mm	C
4	粘结强度/MPa	≥0.15	≥0.04	A
5	抗压强度/MPa	—	≥0.5	C
6	干密度/(kg/m³)	—	≤650	C
7	隔热效率偏差	±15%	±15%	—
8	pH值	≥7	≥7	C
9	耐曝热性	720h试验后，涂层应无起层、脱落、空鼓、开裂现象，且隔热效率衰减量应≤35%	720h试验后，涂层应无起层、脱落、空鼓、开裂现象，且隔热效率衰减量应≤35%	B
10	耐湿热性	504h试验后，涂层应无起层、脱落现象，且隔热效率衰减量应≤35%	504h试验后，涂层应无起层、脱落现象，且隔热效率衰减量应≤35%	B
11	耐冻融循环性	15次试验后，涂层应无开裂、脱落、起泡现象，且隔热效率衰减量应≤35%	15次试验后，涂层应无开裂、脱落、起泡现象，且隔热效率衰减量应≤35%	B
12	耐酸性	360h试验后，涂层应无起层、脱落、开裂现象，且隔热效率衰减量应≤35%	360h试验后，涂层应无起层、脱落、开裂现象，且隔热效率衰减量应≤35%	B

续表3

序号	理化性能项目	技术指标		缺陷类别
		膨胀型	非膨胀型	
13	耐碱性	360h试验后，涂层应无起层、脱落、开裂现象，且隔热效率衰减量应≤35%	360h试验后，涂层应无起层、脱落、开裂现象，且隔热效率衰减量应≤35%	B
14	耐盐雾腐蚀性	30次试验后，涂层应无起泡，明显的变质、软化现象，且隔热效率衰减量应≤35%	30次试验后，涂层应无起泡，明显的变质、软化现象，且隔热效率衰减量应≤35%	B
15	耐紫外线辐照性	60次试验后，涂层应无起层、开裂、粉化现象，且隔热效率衰减量应≤35%	60次试验后，涂层应无起层、开裂、粉化现象，且隔热效率衰减量应≤35%	B

注1：A为致命缺陷，B为严重缺陷，C为轻缺陷；"—"表示无要求。

注2：隔热效率偏差只作为出厂检验项目。

注3：pH值只适用于水基性的钢结构防火涂料。

5.2.3 钢结构防火涂料的耐火性能应符合表4的规定。

表4　钢结构防火涂料的耐火性能

产品分类	耐火性能												缺陷类别
	膨胀型				非膨胀型								
普通钢结构防火涂料	$F_p0.50$	$F_p1.00$	$F_p1.50$	$F_p2.00$	$F_p0.50$	$F_p1.00$	$F_p1.50$	$F_p2.00$	$F_p2.50$	$F_p3.00$			A
特种钢结构防火涂料	$F_t0.50$	$F_t1.00$	$F_t1.50$	$F_t2.00$	$F_t0.50$	$F_t1.00$	$F_t1.50$	$F_t2.00$	$F_t2.50$	$F_t3.00$			

注：耐火性能试验结果适用于同种类型且截面系数更小的基材。

7　检验规则

7.1　检验分类

7.1.1　出厂检验

出厂检验项目分为常规项目和抽检项目两类。常规项目应至少包括：在容器中的状态、干燥时间、初期干燥抗裂性和 pH 值，且应按批检验。抽检项目应至少包括：干密度、隔热效率偏差、耐水性、耐酸性、耐碱性，且应在每季度或每生产 500t（P 类）、1000t（F 类）产品（先到为准）之内至少进行一次检验。

7.1.2　型式检验

型式检验项目为 5.1.5、5.2 规定的全部项目。

有下列情形之一，产品应进行型式检验：

a）新产品投产或老产品转厂生产时试制定型鉴定；

b）正式生产后，产品的配方、工艺、原材料有较大改变时；

c）产品停产一年以上恢复生产时；

d）出厂检验结果与上次型式检验结果有较大差异时；

e）发生重大质量事故整改后；

f）质量监督机构依法提出要求时。

7.2　组批与抽化

7.2.1　组批

组成一批的钢结构防火涂料应为同一次投料、同一生产工艺、同一生产条件下生产的产品。

7.2.2　抽化

出厂检验样品应分别从不少于 200kg（P 类）、500kg（F 类）的产品中随机抽取 40kg（P 类）、100kg（F 类）。

型式检验样品应分别从不少于 1000kg（P 类）、3000kg（F 类）的产品中随机抽取 300kg（P 类）、500kg（F 类）。

7.3　判定规则

7.3.1　出厂检验判定

出厂检验的常规项目全部符合要求时判该批产品合格；常规

项目发现有不合格的，判该批产品不合格。抽检项目全部合格的，产品可正常出厂；抽检项目有不合格的，允许对不合格项进行加倍复验，复验合格的，产品可继续生产销售；复验仍不合格的，产品停产整改。

7.3.2　型式检验判定

型式检验项目全部符合要求时，判该产品合格。有缺陷时的合格判定规则如下，检验结论中需注明缺陷类别和数量：

a）A＝0；

b）B≤2；

c）B＋C≤3。

十八、《室内装饰装修材料　人造板及其制品中甲醛释放限量》GB 18580—2017

4　要求

室内装饰装修材料人造板及其制品中甲醛释放限量值为 0.124mg/m³，限量标识 E_1。

十九、《室内装饰装修材料　溶剂型木器涂料中有害物质限量》GB 18581—2009（节选）

4　要求

产品中有害物质限量应符合表 1 的要求。

表 1　有害物质限量的要求

项　目	限量值				
	聚氨酯类涂料		硝基类涂料	醇酸类涂料	腻子
	面漆	底漆			
挥发性有机化合物（VOC）含量[a]／（g/L）　≤	光泽（60°）≥80，580 光泽（60°）＜80，670	670	720	500	550
苯含量[a]／% 　≤	0.3				

续表1

项　目		限量值				
		聚氨酯类涂料		硝基类涂料	醇酸类涂料	腻子
		面漆	底漆			
甲苯、二甲苯、乙苯含量总和[a]/%		30		30	5	30
游离二异氰酸酯（TDI、HDI）含量总和[b]/%		0.4		—	—	0.4（限聚氨酯类腻子）
甲醇含量[a]/%　　　　≤				0.3		0.3（限硝基类腻子）
卤代烃含量[a,c]/%　　≤		0.1				
可溶性重金属含量（限色漆、腻子和醇酸清漆）/（mg/kg）≤	铅 Pb	90				
	镉 Cd	75				
	铬 Cr	60				
	汞 Hg	60				

[a] 按产品明示的施工配比混合后测定。如稀释剂的使用量为某一范围时，应按照产品施工配比规定的最大稀释比例混合后进行测定。

[b] 如聚氨酯类涂料和腻子规定了稀释比例或由双组分或多组分组成时，应先测定固化剂（含游离二异氰酸酯预聚物）中的含量，再按产品明示的施工配比计算混合后涂料中的含量。如稀释剂的使用量为某一范围时，应按照产品施工配比规定的最小稀释比例进行计算。

[c] 包括二氯甲烷、1,1-二氯乙烷、1,2-二氯乙烷、三氯甲烷、1,1,1-三氯乙烷、1,1,2-三氯乙烷、四氯化碳。

8　涂装安全及防护

8.1　涂装时应保证室内通风良好。

8.2　涂装时施工人员应穿戴好必要的防护用品。

8.3　涂装完成后继续保持室内空气流通。

　　二十、《室内装饰装修材料　内墙涂料中有害物质限量》GB 18582—2008（节选）

4　要求

　　产品中有害物质限量应符合表1的要求。

表 1　有害物质限量的要求

项　目		限量值	
		水性墙面涂料[a]	水性墙面腻子[b]
挥发性有机化合物含量（VOC）　≤		120g/L	15g/kg
苯、甲苯、乙苯、二甲苯总和/（mg/kg）　≤		300	
游离甲醛/（mg/kg）　≤		100	
可溶性重金属/（mg/kg）　≤	铅 Pb	90	
	镉 Cd	75	
	铬 Cr	60	
	汞 Hg	60	

[a]　涂料产品所有项目均不考虑稀释配比。

[b]　膏状腻子所有项目均不考虑稀释配比；粉状腻子除可溶性重金属项目直接测试粉体外，其余 3 项按产品规定的配比将粉体与水或胶黏剂等其他液体混合后测度。如配比为某一范围时，应按照水用量最小、胶粘剂等其他液体用量最大的配比混合后测试。

二十一、《室内装饰装修材料　胶粘剂中有害物质限量》GB 18583—2008

3　要求

3.1　室内建筑装饰装修用胶粘剂分类

室内建筑装饰装修用胶粘剂分为溶剂型、水基型、本体型三大类。

3.2　溶剂型胶粘剂中有害物质限量

溶剂型胶粘剂中有害物质限量值应符合表 1 的规定。

表1 溶剂型胶粘剂中有害物质限量值

项 目	指 标			
	氯丁橡胶胶粘剂	SBS胶粘剂	聚氨酯类胶粘剂	其他胶粘剂
游离甲醛/（g/kg）	≤0.50		—	—
苯/（g/kg）	≤5.0			
甲苯＋二甲苯/（g/kg）	≤200	≤150	≤150	≤150
甲苯二异氰酸酯/（g/kg）	—		≤10	—
二氯甲烷/（g/kg）		≤50		
1，2-二氯乙烷/（g/kg）	总量≤5.0		—	≤50
1，1，2-三氯乙烷/（g/kg）		总量≤5.0		
三氯乙烯/（g/kg）				
总挥发性有机物/（g/L）	≤700	≤650	≤700	≤700

注：如产品规定了稀释比例或产品有双组分或多组分组成时，应分别测定稀释剂和各组分中的含量，再按产品规定的配比计算混合后的总量。如稀释剂的使用量为某一范围时，应按照推荐的最大稀释量进行计算。

3.3 水基型胶粘剂中有害物质限量值

水基型胶粘剂中有害物质限量值应符合表2的规定。

表2 水基型胶粘剂中有害物质限量值

项 目	指 标				
	缩甲醛类胶粘剂	聚乙酸乙烯酯胶粘剂	橡胶类胶粘剂	聚氨酯类胶粘剂	其他胶粘剂
游离甲醛/（g/kg）	≤1.0	≤1.0	≤1.0	—	≤1.0
苯/（g/kg）	≤0.20				
甲苯＋二甲苯/（g/kg）	≤10				
总挥发性有机物/（g/L）	≤350	≤110	≤250	≤100	≤350

3.4 本体型胶粘剂中有害物质限量值

本体型胶粘剂中有害物质限量值应符合表3的规定。

表3 本体型胶粘剂中有害物质限量值

项 目	指 标
总挥发性有机物／（g/L）	≤100

二十二、《室内装饰装修材料 木家具中有害物质限量》GB 18584—2001

4 要求

木家具产品应符合表1规定的有害物质限量要求。

表1 有害物质限量要求

项 目		限量值
甲醛释放量 mg/L		≤1.5
重金属含量（限色漆） mg/kg	可溶性铅	≤90
	可溶性镉	≤75
	可溶性铬	≤60
	可溶性汞	≤60

二十三、《室内装饰装修材料 壁纸中有害物质限量》GB 18585—2001

4 要求

壁纸中的有害物质限量值应符合表1规定。

表1 壁纸中的有害物质限量值 单位为毫克每千克

有害物质名称		限量值
重金属（或其他）元素	钡	≤1000
	镉	≤25
	铬	≤60
	铅	≤90
	砷	≤8
	汞	≤20
	硒	≤165
	锑	≤20
氯乙烯单体		≤1.0
甲醛		≤120

二十四、《室内装饰装修材料　聚氯乙烯卷材地板中有害物质限量》GB 18586—2001

3　要求

3.1　氯乙烯单体限量

卷材地板聚氯乙烯层中氯乙烯单体含量应不大于 5mg/kg。

3.2　可溶性重金属限量

卷材地板中不得使用铅盐助剂；作为杂质，卷材地板中可溶性铅含量应不大于 20mg/m²。卷材地板中可溶性锡含量应不大于 20mg/m²。

3.3　挥发物的限量

卷材地板中挥发物的限量见表 1。

表 1　挥发物的限量　单位为克每平方米

发泡类卷材地板中挥发物的限量		非发泡类卷材地板中挥发物的限量	
玻璃纤维基材	其他基材	玻璃纤维基材	其他基材
≤75	≤35	≤40	≤10

二十五、《室内装饰装修材料　地毯、地毯衬垫及地毯胶粘剂有害物质释放限量》GB 18587—2001

表 1　地毯有害物质释放限量　单位为毫克每平方米小时

序号	有害物质测试项目	限量	
		A 级	B 级
1	总挥发性有机化合物（TVOC）	≤0.500	≤0.600
2	甲醛（Formaldehyde）	≤0.050	≤0.050
3	苯乙烯（Styrene）	≤0.400	≤0.500
4	4-苯基环己烯 (4-Phenylcyclohexene)	≤0.050	≤0.050

表2　地毯衬垫有害物质释放限量　单位为毫克每平方米小时

序号	有害物质测试项目	限量	
		A级	B级
1	总挥发性有机化合物（TVOC）	≤1.000	≤1.200
2	甲醛（Formaldehyde）	≤0.050	≤0.050
3	丁基羟基甲苯 (BHT-butylated hydroxytoluene)	≤0.030	≤0.030
4	4-苯基环己烯 (4-Phenylcyclohexene)	≤0.050	≤0.050

表3　地毯胶粘剂有害物质释放限量　单位为毫克每平方米小时

序号	有害物质测试项目	限量	
		A级	B级
1	总挥发性有机化合物（TVOC）	≤10.000	≤12.000
2	甲醛（Formaldehyde）	≤0.050	≤0.050
3	2-乙基己醇 (2-ethyl-1-hexanol)	≤3.000	≤3.500

二十六、《混凝土外加剂中释放氨的限量》GB 18588—2001

4　要求

混凝土外加剂中释放氨的量≤0.10％（质量分数）。

二十七、《建筑钢结构防腐涂料中有害物质限量》GB 30981—2014（节选）

5　要求

5.1　产品中挥发性有机化合物（VOC）含量应符合表1的限量要求，该要求仅限溶剂型涂料。

表 1   挥发性有机化合物（VOC）的限量要求

涂料类型		挥发性有机化合物（VOC）的限量值 g/L
预涂底漆（车间底漆）	无机类	680
	环氧树脂类	680
	其他树脂类	700
底漆	无机类（富锌[a]）	660
	醇酸树脂类	550
	氯化橡胶类	620
	氯化聚烯烃树脂类	700
	环氧树脂类（富锌[a]）	650
	环氧树脂类	580
	其他树脂类	650
联接漆[b]		720
中间漆	醇酸树脂类	490
	环氧树脂类	550
	氯化橡胶类	600
	氯化聚烯烃树脂类	700
	丙烯酸酯类	550
	其他树脂类	500
面漆	醇酸树脂类	590
	丙烯酸树脂类	650
	环氧树脂类	600
	氯化橡胶类	610
	氯化聚烯烃树脂类	720
	聚氨酯树脂类	630
	氟碳树脂类	700
	硅氧烷树脂类	390
	其他树脂类	700

注：按产品明示的配比和稀释比例混合后测定。如稀释剂的使用量为某一范围时，应按照推荐的最大稀释量稀释后进行测定。

[a] 富锌底漆是指不挥发分中金属锌含量≥60%的底漆。
[b] 在无机富锌底漆上涂覆的一通过渡涂料作为联接（封闭）涂层。

5.2 产品中有害溶剂含量应符合表 2 的限量要求。该要求适用于溶剂型涂料和水性涂料。

表 2 有害溶剂的限量要求

项 目		限量值
苯含量/%	≤	1
卤代烃（二氯甲烷、三氯甲烷、二氯乙烷、三氯乙烷、1，2-二氯丙烷、三氯乙烯、甲氯化碳）总和含量/%	≤	1
甲醇含量（限无机类涂料）/%	≤	1
乙二醇醚（乙二醇甲醚、乙二醇乙醚）总和含量/%	≤	1

注：溶剂型涂料按产品明示的配比和稀释比例混合后测定。如稀释剂的使用量为某一范围时，应按照推荐的最大稀释量稀释后进行测定。水性涂料不考虑稀释配比。

5.3 对产品中有害重金属含量的推荐性要求见表 3。该要求仅限色漆，适用于溶剂型涂料和水性涂料。

表 3 有害重金属含量的推荐性要求

项 目		推荐值
铅（Pb）含量/（mg/kg）	≤	1000
镉（Cd）含量/（mg/kg）	≤	100
六价铬（Cr⁶⁺）含量/（mg/kg）	≤	1000
汞（Hg）含量/（mg/kg）	≤	1000

注：按产品明示的配比（稀释剂无须加入）混合各组分样品，并制备厚度适宜的涂膜。在产品说明书规定的干燥条件下，待涂膜完全干燥后，对干涂膜进行测定。

二十八、《建筑胶粘剂有害物质限量》GB 30982—2014

4 要求

4.1 建筑胶粘剂分类

建筑胶粘剂分为溶剂型、水基型、本体型三大类。

4.2 溶剂型建筑胶粘剂中有害物质限量

溶剂型建筑胶粘剂中有害物质限量值应符合表 1 的规定。

表1　溶剂型建筑胶粘剂中有害物质限量值

项目	指标				
	氯丁橡胶胶粘剂	SBS胶粘剂	聚氨酯类胶粘剂	丙烯酸酯类胶粘剂	其他胶粘剂
苯/(g/kg)	≤5.0				
甲苯+二甲苯/(g/kg)	≤200	≤80	≤150		
甲苯二异氰酸酯/(g/kg)	—		≤10		
二氯甲烷/(g/kg)	总量≤5.0	≤200	—	总量≤50	
1,2-二氯乙烷/(g/kg)		总量≤5.0			
1,1,1-三氯乙烷/(g/kg)					
1,1,2-三氯乙烷/(g/kg)					
总挥发性有机物/(g/L)	≤680	≤630	≤680	≤600	≤680

4.3　水基型建筑胶粘剂中有害物质限量

水基型建筑胶粘剂中有害物质限量值应符合表2的规定。

表2　水基型建筑胶粘剂中有害物质限量值

项目	指标						
	聚乙酸乙烯酯类	缩甲醛类	橡胶类	聚氨酯类	VAE乳液类	丙烯酸酯类	其他类
游离甲醛/(g/kg)	≤0.5	≤1.0	≤1.0	—	≤0.5	≤0.5	≤1.0
总挥发性有机物/(g/L)	≤100	≤150	≤150	≤100	≤100	≤100	≤150

4.4　本体型建筑胶粘剂中有害物质限量

本体型建筑胶粘剂中有害物质限量值应符合表3的规定。

表3　本体型建筑胶粘剂中有害物质限量值

项目	指标				
	有机硅类（含MS）	聚氨酯类	聚硫类	环氧类	
				A组分	B组分
总挥发性有机物/(g/kg)	≤100	≤50	≤50	≤50	—
甲苯二异氰酸酯/(g/kg)		≤10			

续表3

项目	指标				
	有机硅类（含MS）	聚氨酯类	聚硫类	环氧类	
				A组分	B组分
苯／（g/kg）	—	≤1	—	≤2	≤1
甲苯／（g/kg）	—	≤1	—	—	—
甲苯＋二甲苯／（g/kg）	—	—	—	≤50	≤20

4.5　其他有害物质的标识

邻苯二甲酸酯类作为胶粘剂原料添加并超出了总质量的2%，应在外包装上予以注明其添加物质的种类名称及用量。

二十九、《建筑防水涂料中有害物质限量》JC 1066—2008

4　要求

4.1　水性建筑防水涂料

水性建筑防水涂料中有害物质含量应符合表2要求。

表2　水性建筑防水涂料中有害物质含量

序号	项　　目		含　　量	
			A	B
1	挥发性有机化合物（VOC）/g/L　≤		80	120
2	游离甲醛/mg/kg　≤		100	200
3	苯、甲苯、乙苯和二甲苯总和/mg/kg≤		300	
4	氨/mg/kg　≤		500	1000
5	可溶性重金属[a]/mg/kg ≤	铅Pb	90	
		镉Cd	75	
		铬Cr	60	
		汞Hg	60	

[a] 无色、白色、黑色防水涂料不需测定可溶性重金属。

4.2　反应型建筑防水涂料

反应型建筑防水涂料中有害物质含量应符合表3的要求。

表3　反应型建筑防水涂料中有害物质含量

序号	项　目		含　量	
			A	B
1	挥发性有机化合物(VOC)/g/L ≤		50	200
2	苯/mg/kg ≤		200	
3	甲苯+乙苯+二甲苯/g/kg ≤		1.0	5.0
4	苯酚/mg/kg ≤		200	500
5	蒽/mg/kg ≤		10	100
6	萘/mg/kg ≤		200	500
7	游离 TDI[a]/g/kg ≤		3	7
8	可溶性重金属[b]/mg/kg ≤	铅 Pb	90	
		镉 Cd	75	
		铬 Cr	60	
		汞 Hg	60	

[a] 仅适用于聚氨酯类防水涂料。

[b] 无色、白色、黑色防水涂料不需测定可溶性重金属。

4.3　溶剂型建筑防水涂料

溶剂型建筑防水涂料中有害物质含量应符合表4的要求。

表4　溶剂型建筑防水涂料有害物质含量

序号	项　目		含　量
			B
1	挥发性有机化合物(VOC)/g/L ≤		750
2	苯/g/kg ≤		2.0
3	甲苯+乙苯+二甲苯/g/kg ≤		400
4	苯酚/mg/kg ≤		500
5	蒽/mg/kg ≤		100
6	萘/mg/kg ≤		500
7	可溶性重金属[a]/mg/kg ≤	铅 Pb	90
		镉 Cd	75
		铬 Cr	60
		汞 Hg	60

[a] 无色、白色、黑色防水涂料不需测定可溶性重金属。

三十、《建筑材料放射性核素限量》GB 6566—2010

3　要求

3.1　建筑主体材料

建筑主体材料中天然放射性核素镭-226、钍-232、钾-40 的放射性比活度应同时满足 $I_{Ra}\leqslant1.0$ 和 $I_r\leqslant1.0$。

对空心率大于 25% 的建筑主体材料，其天然放射性核素镭-226、钍-232、钾-40 的放射性比活度应同时满足 $I_{Ra}\leqslant1.0$ 和 $I_r\leqslant1.3$。

3.2　装饰装修材料

本标准根据装饰装修材料放射性水平大小划分为以下三类：

3.2.1　A 类装饰装修材料

装饰装修材料中天然放射性核素镭-226、钍-232、钾-40 的放射性比活度同时满足 $I_{Ra}\leqslant1.0$ 和 $I_r\leqslant1.3$ 要求的为 A 类装饰装修材料。A 类装饰装修材料产销与使用范围不受限制。

3.2.2　B 类装饰装修材料

不满足 A 类装饰装修材料要求但同时满足 $I_{Ra}\leqslant1.3$ 和 $I_r\leqslant1.9$ 要求的为 B 类装饰装修材料。B 类装饰装修材料不可用于 I 类民用建筑的内饰面，但可用于 II 类民用建筑物、工业建筑内饰面及其他一切建筑的外饰面。

3.2.3　C 类装饰装修材料

不满足 A、B 类装修材料要求但满足 $I_r\leqslant2.8$ 要求的为 C 类装饰装修材料。C 类装饰装修材料只可用于建筑物的外饰面及室外其他用途。

三十一、《声环境质量标准》GB 3096—2008（节选）

3.4　昼间 day-time、夜间 night-time

根据《中华人民共和国环境噪声污染防治法》，"昼间"是指 6：00 至 22：00 之间的时段；"夜间"是指 22：00 至次日 6：00 之间的时段。

县级以上人民政府为环境噪声污染防治的需要（如考虑时

差、作息习惯差异等）而对昼间、夜间的划分另有规定的，应按其规定执行。

4　声环境功能区分类

按区域的使用功能特点和环境质量要求，声环境功能区分为以下五种类型：

0类声环境功能区：指康复疗养区等特别需要安静的区域。

1类声环境功能区：指以居民住宅、医疗卫生、文化教育、科研设计、行政办公为主要功能，需要保持安静的区域。

2类声环境功能区：指以商业金融、集市贸易为主要功能，或者居住、商业、工业混杂，需要维护住宅安静的区域。

3类声环境功能区：指以工业生产、仓储物流为主要功能，需要防止工业噪声对周围环境产生严重影响的区域。

4类声环境功能区：指交通干线两侧一定距离之内，需要防止交通噪声对周围环境产生严重影响的区域，包括4a类和4b类两种类型。4a类为高速公路、一级公路、二级公路、城市快速路、城市主干路、城市次干路、城市轨道交通（地面段）、内河航道两侧区域；4b类为铁路干线两侧区域。

5　环境噪声限值

5.1　各类声环境功能区适用表1规定的环境噪声等效声级限值。

表1　环境噪声限值　单位：dB（A）

声环境功能区类别		时　段	
		昼间	夜间
0类		50	40
1类		55	45
2类		60	50
3类		65	55
4类	4a类	70	55
	4b类	70	60

5.4　各类声环境功能区夜间突发噪声，其最大声级超过环境噪声限值的幅度不得高于15dB（A）。

第七篇 检查检测与鉴定加固及管理

一、《建筑施工安全检查标准》JGJ 59—2011

4.0.1　建筑施工安全检查评定中，保证项目应全数检查。

5.0.3　当建筑施工安全检查评定的等级为不合格时，必须限期整改达到合格。

二、《施工现场机械设备检查技术规范》JGJ 160—2016

4.1.5　柴油发电机组严禁与外电线路并列运行，且应采取电气隔离措施与外电线路互锁。当两台及以上发电机组并列运行时，必须装设同步装置，且应在机组同步后再向负载供电。

三、《建设工程施工现场环境与卫生标准》JGJ 146—2013

4.2.1　施工现场的主要道路应进行硬化处理。裸露的场地和堆放的土方应采取覆盖、固化或绿化等措施。

4.2.5　建筑物内垃圾应采用容器或搭设专用封闭式垃圾道的方式清运，严禁凌空抛掷。

4.2.6　施工现场严禁焚烧各类废弃物。

5.1.6　施工现场生活区宿舍、休息室必须设置可开启式外窗，床铺不应超过2层，不得使用通铺。

四、《环境卫生设施设置标准》CJJ 27—2012

2.0.4　城乡新区开发与旧区改造时，环境卫生设施必须同步规划、同步建设、同期交付。

2.0.8　替代环境卫生设施未交付前，不得停止使用或拆除原有的环境卫生设施。

3.4.1　城镇中居住区内部公共活动区、城镇商业街、文化街、港口客运站、汽车客运站、机场、轨道交通车站、公交首末站、文体设施、市场、展览馆、开放式公园、旅游景点等人流聚集的公共场所，必须设置配套公共厕所，并应满足流动人群如厕需求。

3.4.6 公共厕所的粪便严禁直接排入雨水管、河道或水沟内。

4.6.2 卫生填埋设施应位于地质情况较为稳定、取土条件方便、具备运输条件、人口密度低、土地及地下水利用价值低的地区，不得设置在水源保护区、地下蕴矿区内。

五、《城镇环境卫生设施除臭技术标准》CJJ 274—2018

4.1.20 用于收集可能含有可燃气体臭气的风机，应具有防爆性能。

4.2.8 对于长期堆放和储存生活垃圾、有机易腐垃圾及渗沥液的设施或场所，在启动风机收集臭气前，应测试臭气中的甲烷浓度，当甲烷浓度超过 1.25% 时，应先进行通风，并应使甲烷浓度降低至 1.25% 以下时，方可启动风机。

5.1.6 当所处理臭气中的可燃气体浓度可能达到爆炸浓度范围时，不得采用易于引起臭气爆炸或爆燃的除臭工艺。

5.6.4 除臭设备检修前必须停止运行，并应先排除内部气体，通入空气，确认安全后方可进入设备内部检修。进入设备内部检修的人员必须佩戴安全防护用品。

六、《环境卫生技术规范》GB 51260—2017（节选）

12 建筑垃圾收运与处理

12.1 一般规定

12.1.1 应对建筑垃圾实施申报登记制度，产生的建筑垃圾应及时清运至处理处置设施或政府主管部门指定的地方。

12.1.2 应对工程渣土、建（构）筑物拆除垃圾、装修装潢垃圾等建筑垃圾进行分类管理与处理。

12.1.3 工程渣土和建（构）筑物拆除垃圾应综合利用，装修装潢垃圾应得到无害化处理，不得随意堆放。

12.1.4 生活垃圾、危险废物、医疗垃圾等不得进入建筑垃圾处理厂。

12.1.5 建筑垃圾运输和临时堆放过程中应采取有效的安全措

施，消除安全隐患。

12.2　建筑垃圾的运输

12.2.1　建筑垃圾应采用密闭运输，运输车辆不得超载，不得在运输途中遗撒。

12.2.2　建筑垃圾的运输应按照管理部门指定的路线和时间进行。

12.2.3　建筑装修装潢垃圾应单独收集运输，不得混入工程渣土和建（构）筑物拆除垃圾中。

12.3　建筑垃圾的处理处置

12.3.1　建筑垃圾应得到妥善处理处置，不得随意堆放。

12.3.2　建筑垃圾处理厂应具有防止扬尘和噪声的设施和措施，运行期间不得产生扬尘和噪声扰民。

12.3.3　处理地震等自然灾害产生的建筑垃圾时，应做好卫生防疫措施。

12.3.4　建筑垃圾采用填埋方式处置时，处置场选址应有利于垃圾堆体的稳定，并应采用岩土工程学方法对填埋堆体进行稳定性评估。填埋堆体上应设置排水和防渗水设施。混有生活垃圾或有害垃圾的建筑垃圾不得在建筑垃圾填埋场填埋。

七、《高耸与复杂钢结构检测与鉴定标准》GB 51008—2016

3.1.2　高耸与复杂钢结构出现下列情况之一时，应进行检测与可靠性鉴定：

　　1　拟改变使用功能、使用条件或使用环境；

　　2　拟进行改造、改建或扩建；

　　3　达到设计使用年限拟继续使用；

　　4　因遭受灾害、事故而造成损伤或损坏；

　　5　存在严重的质量缺陷或出现严重的腐蚀、损伤、变形。

8.1.2　钢结构系统的安全性鉴定应包括结构整体性、主要构件的承载力和稳定性、主要节点的强度、结构整体变形、结构整体稳定性的鉴定。

八、《危险房屋鉴定标准》JGJ 125—2016

5.3.2 砌体结构构件检查应包括下列主要内容：

1 查明不同类型构件的构造连接部位状况；

2 查明纵横墙交接处的斜向或竖向裂缝状况；

3 查明承重墙体的变形、裂缝和拆改状况；

4 查明拱脚裂缝和位移状况，以及圈梁和构造柱的完损情况；

5 确定裂缝宽度、长度、深度、走向、数量及分布，并应观测裂缝的发展趋势。

5.4.2 混凝土结构构件检查应包括下列主要内容：

1 查明墙、柱、梁、板及屋架的受力裂缝和钢筋锈蚀状况；

2 查明柱根和柱顶的裂缝状况；

3 查明屋架倾斜以及支撑系统的稳定性情况。

5.5.2 木结构构件检查应包括下列主要内容：

1 查明腐蚀、虫蛀、木材缺陷、节点连接、构造缺陷、下挠变形及偏心失稳情况；

2 查明木屋架端节点受剪面裂缝状况；

3 查明屋架的平面外变形及屋盖支撑系统稳定性情况。

5.6.2 钢结构构件检查应包括下列主要内容：

1 查明各连接节点的焊缝、螺栓、铆钉状况；

2 查明钢柱与梁的连接形式以及支撑杆件、柱脚与基础连接部位的损坏情况；

3 查明钢屋架杆件弯曲、截面扭曲、节点板弯折状况和钢屋架挠度、倾向倾斜等偏差状况。

6.2.2 在地基、基础、上部结构构件危险性呈关联状态时，应联系结构的关联性判定其影响范围。

6.2.3 房屋危险性等级鉴定应符合下列规定：

1 在第一阶段地基危险性鉴定中，当地基评定为危险状态时，应将房屋评定为D级；

2 当地基评定为非危险状态时，应在第二阶段鉴定中，综合评定房屋基础及上部结构（含地下室）的状况后作出判断。

九、《建筑外墙外保温系统修缮标准》JGJ 376—2015

7.1.2 外墙外保温系统修复应制定施工防火专项方案。

7.1.5 外墙外保温系统修复前，应对修复区域内的外墙悬挂物进行安全检查，当悬挂物强度不足或与墙体连接不牢固时，应采取加固措施或拆除、更换。

7.1.6 外墙外保温系统修复的施工安全应符合下列规定：

　　1 施工期间，应采取安全防护措施和编制应急预案；

　　2 施工现场作业区和危险区，应设置安全警示标志；

　　3 当修复外立面紧邻人行道或车行道时，应在该道路上方搭建安全天棚，并应设置警示和引导标志；

　　4 当实施拆除作业或建材、设备、工具的传运和堆放作业时，不得高空抛掷和重摔重放，并应采取防止剔凿物及粉尘散落的措施；

　　5 吊篮应经检测合格后方可使用；

　　6 脚手架的搭设和连接应牢固，且安全检验应合格。

十、《钢绞线网片聚合物砂浆加固技术规程》JGJ 337—2015

5.1.5 采用钢绞线网片聚合物砂浆加固混凝土结构和砌体结构时，应对结构构件加固区采取标识措施，未经技术鉴定或设计许可，严禁任何人在加固定成后对加固区进行破坏性施工。

5.2.8 钢绞线网片聚合物砂浆加固的现场施工样板应进行实体见证检验，且其检验结果应满足下列条件之一：

　　1 正拉粘结强度不小于 $2.5N/mm^2$；

　　2 样板破坏形式为基材内聚破坏。

十一、《房屋建筑和市政基础设施工程质量检测技术管理规范》GB 50618—2011

3.0.3 检测机构必须在技术能力和资质规定范围内开展检测工作。

3.0.4 检测机构应对出具的检测报告的真实性、准确性负责。

3.0.10 检测应按有关标准的规定留置已检试件。有关标准留置时间无明确要求的，留置时间不应少于72h。

3.0.13 检测试件的提供方应对试件取样的规范性、真实性负责。

4.1.1 检测机构应配备能满足所开展检测项目要求的检测人员。

4.2.1 检测机构应配备能满足所开展检测项目要求的检测设备。

4.4.10 检测机构严禁出具虚假检测报告。凡出现下列情况之一的应判定为虚假检测报告：

    1 不按规定的检测程序及方法进行检测出具的检测报告；

    2 检测报告中数据、结论等实质性内容被更改的检测报告；

    3 未经检测就出具的检测报告；

    4 超出技术能力和资质规定范围出具的检测报告。

5.4.1 检测应严格按照经确认的检测方法标准和现场工程实体检测方案进行。

十二、《建筑边坡工程鉴定与加固技术规范》GB 50843—2013

3.1.3 加固后的边坡工程应进行正常维护，当改变其用途和使用条件时应进行边坡工程安全性鉴定。

4.1.1 既有边坡工程加固前应进行边坡加固工程勘察。

5.1.1 既有边坡工程加固前应进行边坡工程鉴定。

9.1.1 边坡进行加固施工，对被保护对象可能引发较大变形或危害时，应对加固的边坡及被保护对象进行监测。

十三、《构筑物抗震鉴定标准》GB 50117—2014

3.0.2 现有构筑物的抗震设防类别应按现行国家标准《建筑工程抗震设防分类标准》GB 50223 分类，其抗震措施核查和抗震验算的综合鉴定应符合下列规定：

1 甲类，应经专门研究按不低于乙类的要求核查其抗震措施，抗震验算应按高于本地区设防烈度的要求采用。

2 乙类，6 度～8 度时应按高于本地区设防烈度一度的要求核查其抗震措施，9 度时应提高其抗震措施要求；抗震验算应按不低于本地区设防烈度的要求采用。

3 丙类，应按本地区设防烈度的要求核查其抗震措施和进行抗震验算。

4 丁类，7 度～9 度时，应允许按低于本地区设防烈度一度的要求核查其抗震措施，抗震验算应允许低于本地区设防烈度；6 度时应允许不做抗震鉴定。

3.0.5 属于下列情况之一的现有构筑物，应进行抗震鉴定：

1 达到和超过设计使用年限并需继续使用的构筑物。

2 未按抗震设防标准设计或建成后所在地区抗震设防要求提高的构筑物。

3 改建、扩建或改变原设计条件的构筑物。

十四、《烟囱可靠性鉴定标准》GB 51056—2014

3.1.1 烟囱在下列情况下，应进行可靠性鉴定：

1 存在严重的质量缺陷或出现严重的腐蚀、渗漏、损伤、变形时；

2 超过设计使用年限或目标使用年限，拟继续使用时；

3 使用条件或使用环境改变，对烟囱安全性不利时；

4 需要进行全面、大规模维修时；

5 遭受严重灾害或事故后，需要继续使用时；

十五、《体育场馆照明设计及检测标准》JGJ 153—2016

4.4.11 观众席和运动场地安全照明的平均水平照度值不应小于 20lx。

4.4.12 体育场馆出口及其通道的疏散照明最小水平照度值不应小于 5lx。

十六、《建筑地基检测技术规范》JGJ 340—2015

5.1.5 复合地基载荷试验的加载方式应采用慢速维持荷载法。

十七、《建筑基桩检测技术规范》JGJ 106—2014

4.3.4 为设计提供依据的单桩竖向抗压静载试验应采用慢速维持荷载法。

9.2.3 高应变检测专用锤击设备应具有稳固的导向装置。重锤应形状对称，高径（宽）比不得小于 1。

9.2.5 采用高应变法进行承载力检测时，锤的重量与单桩竖向抗压承载力特征值的比值不得小于 0.02。

9.4.5 高应变实测的力和速度信号第一峰起始段不成比利时，不得对实测力或速度信号进行调整。

十八、《既有建筑地基基础加固技术规范》JGJ 123—2012

3.0.2 既有建筑地基基础加固前，应对既有建筑地基基础及上部结构进行鉴定。

3.0.4 既有建筑地基基础加固设计，应符合下列规定：

　　1 应验算地基承载力。

　　2 应计算地基变形。

　　3 应验算基础抗弯、抗剪、抗冲切承载力。

　　4 受较大水平荷载或位于斜坡上的既有建筑物地基基础加固，以及邻近新建建筑、深基坑开挖、新建地下工程基础埋深大于既有建筑基础埋深并对既有建筑产生影响时，应进行地基稳定性验算。

3.0.8　加固后的既有建筑地基基础使用年限，应满足加固后的既有建筑设计使用年限的要求。

3.0.9　纠倾加固、移位加固、托换加固施工过程应设置现场监测系统，监测纠倾变位、移位变位和结构的变形。

3.0.11　既有建筑地基基础加固工程，应对建筑物在施工期间及使用期间进行沉降观测，直至沉降达到稳定为止。

5.3.1　既有建筑地基基础加固或增加荷载后，建筑物相邻柱基的沉降差、局部倾斜、整体倾斜值的允许值，应符合现行国家标准《建筑地基基础设计规范》GB 50007 的有关规定。

十九、《城镇排水管道检测与评估技术规程》CJJ 181—2012

3.0.19　排水管道检测时的现场作业应符合现行行业标准《城镇排水管道维护安全技术规程》CJJ 6 的有关规定。现场使用的检测设备，其安全性能应符合现行国家标准《爆炸性气体环境用电气设备》GB 3836 的有关规定。现场检测人员的数量不得少于2人。

7.1.7　检查人员进入管内检查时，必须拴有带距离刻度的安全绳，地面人员应及时记录缺陷的位置。

7.2.4　检查人员自进入检查井开始，在管道内连续工作时间不得超过 1h。当进入管道的人员遇到难以穿越的障碍时，不得强行通过，应立即停止检测。

7.2.6　当待检管道邻近基坑或水体时，应根据现场情况对管道进行安全性鉴定后，检查人员方可进入管道。

二十、《建筑与桥梁结构监测技术规范》GB 50982—2014

3.1.8　建筑与桥梁结构监测应设定监测预警值，监测预警值应满足工程设计及被监测对象的控制要求。

二十一、《建筑工程检测试验技术管理规范》JGJ 190—2010

3.0.4 施工单位及其取样、送检人员必须确保提供的检测试样具有真实性和代表性。

3.0.6 见证人员必须对见证取样和送检的过程进行见证，且必须确保见证取样和送检过程的真实性。

3.0.8 检测机构应确保检测数据和检测报告的真实性和准确性。

5.4.1 进场材料的检测试样，必须从施工现场随机抽取，严禁在现场外制取。

5.4.2 施工过程质量检测试样，除确定工艺参数可制作模拟试样外，必须从现场相应的施工部位制取。

5.7.4 对检测试验结果不合格的报告严禁抽撤、替换或修改。

二十二、《建筑工程饰面砖粘结强度检验标准》JGJ 110—2008

3.0.2 带饰面砖的预制墙板进入施工现场后，应对饰面砖粘结强度进行复验。

3.0.5 现场粘贴的外墙饰面砖工程完工后，应对饰面砖粘结强度进行检验。

二十三、《城市轨道交通工程监测技术规范》GB 50911—2013

3.1.1 城市轨道交通地下工程应在施工阶段对支护结构、周围岩土体及周边环境进行监测。

9.1.1 城市轨道交通工程监测应根据工程特点、监测项目控制值、当地施工经验等制定监测预警等级和预警标准。

9.1.5 城市轨道交通工程施工过程中，当监测数据达到预警标准时，必须进行警情报送。

二十四、《建筑基坑工程监测技术标准》GB 50497—2019

3.0.1 下列基坑应实施基坑工程监测：

1 基坑设计安全等级为一、二级的基坑。

2 开挖深度大于或等于 5m 的下列基坑：

1） 土质基坑；

2） 极软岩基坑、破碎的软岩基坑、极破碎的岩体基坑；

3） 上部为土体，下部为极软岩、破碎的软岩、极破碎的岩体构成的土岩组合基坑。

3 开挖深度小于 5m 但现场地质情况和周围环境较复杂的基坑。

8.0.9 当出现下列情况之一时，必须立即进行危险报警，并应通知有关各方对基坑支护结构和周边环境保护对象采取应急措施。

1 基坑支护结构的位移值突然明显增大或基坑出现流砂、管涌、隆起、陷落等；

2 基坑支护结构的支撑或锚杆体系出现过大变形、压屈、断裂、松弛或拔出的迹象；

3 基坑周边建筑的结构部分出现危害结构的变形裂缝；

4 基坑周边地面出现较严重的突发裂缝或地下空洞、地面下陷；

5 基坑周边管线变形突然明显增长或出现裂缝、泄漏等；

6 冻土基坑经受冻融循环时，基坑周边土体温度显著上升发生明显的冻融变形；

7 出现基坑工程设计方提出的其他危险报警情况，或根据当地工程经验判断，出现其他必须进行危险报警的情况。

二十五、《民用建筑修缮工程查勘与设计规程》JGJ 117—98

12.1.1 本章适用于室内给排水管道、卫生洁具、采暖管道和设备，以及通风管道的查勘修缮。

12.1.2 给排水、卫生、采暖和通风工程查勘修缮，除应符合本规程外，尚应符合现行国家标准《建筑给水排水设计规范》（GB 50015）和《建筑给水排水及采暖工程施工质量验收规范》（GB 50242）的有关规定。

12.1.3　室内给水、排水、采暖、通风管道的修缮查勘与设计，应先分别查清管道走向，出具管道系统图，注明原有管道各管段的管径、长度、配水点种类和额定设计流量等。

12.2.1　给排水、卫生洁具、采暖和通风等设备、管道的管材均应符合国家规定的安全、技术标准。

12.2.2　拆换给水管宜采用镀锌钢管或给水塑料管。当管径大于80mm 时，可采用给水铸铁管。使用其他材质给水管的化学性能应符合国家规定的卫生要求。

12.2.4　拆换排水管可采用镀锌钢管、排水铸铁管、钢筋水泥管或塑料管等。

12.2.5　给水管、采暖管和排水管的管件应与管材相适应，不得用其他材料的管件代替。

12.3.1　给水管道有下列情况之一，应全部拆换：

（1）镀锌钢管的摩擦阻力大于本规程图 12.3.1 所示值；

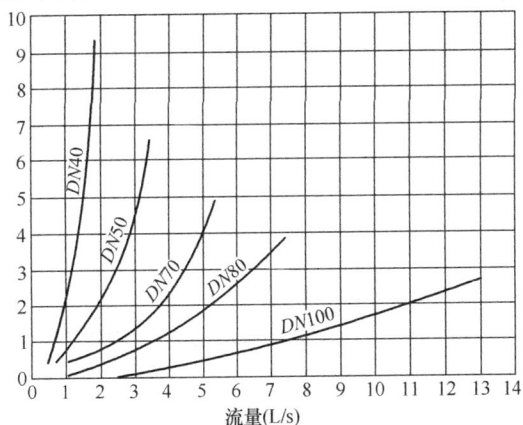

图 12.3.1　镀锌钢管摩擦阻力值

（2）镀锌钢管被腐蚀深度大于本规程表 12.3.1 时，经局部拆换的长度超过总长的 30%；

（3）配水点流量小、压力低，有断水现象，经水力计算后引入口压力不能满足设计流量；

表 12.3.1 镀锌钢管腐蚀深度

钢管直径（mm）	腐蚀深度（mm）	钢管直径（mm）	腐蚀深度（mm）
15～20	1.00	40～70	1.30
25～32	1.20	80～150	1.50

（4）正常养护不能维持一个大修周期；

（5）经破坏性测试检查的管道。

12.3.2 局部拆换管道的立管、干管长度不宜小于 500mm，支管长度不宜小于 300mm。

12.3.3 拆换的给水管道除经水力计算重新确定的管径外，不宜改变原有管道的管径。

12.3.4 过门口的给水管道拆换时，应改线敷设。如不能改线时，应做防结露或保温处理。

12.3.5 埋设的给水管道拆换时，室内管道的埋深：北方地区不得小于 400mm，南方地区应视气候温度情况敷设。室外管道的埋深，不应被地面上车辆损坏，且应在当地冻土层以下，并做防腐处理。

12.3.6 由城市给水管网直接供水的室内给水管道，应在接近用水高峰时测定引入管的压力。当压力值不能使最不利配水点流量达到额定流量 50% 时，应根据水力计算结果改变直径，或增设加压设备。

12.3.7 因房屋使用要求增加供水量时，应校核引入管的最大供水量，以及水箱和泵房的容量。

12.4.1 排水管开裂、漏水及严重锈蚀，应予拆换。

12.4.2 镀锌钢管、焊接钢管外表面腐蚀深度大于本规程表 12.3.1 所示值时，应予拆换。

12.4.3 支管流量小于本规程表 12.4.3 所示值时，应予拆换。当一根立管有 1/2 以上支管需拆换时，宜拆换该立管上所有支管。

表 12.4.3 排水支管最小流量

卫生器具名称	最小流量 (L/s)	卫生器具名称	最小流量 (L/s)
污水盆	0.20	单格洗涤盆	0.40
双格洗涤盆	0.60	大便器（自闭式冲洗阀）	0.90
大便器（高水箱）	0.90	大便器（低水箱）	1.20
大便槽（每蹲位）	0.90	小便槽（每米长）	0.03
小便器（手动冲洗阀）	0.03	小便器（自动冲洗阀）	0.10
洗脸盆	0.15	浴盆	0.40

12.4.4 排水立管断面缩小 1/3 及其以上时，应全部拆换。

12.4.5 排水立管局部拆换的长度不宜小于 1.50m；当拆换长度超过立管长度 25%，或立管上有 1/3 以上支管需拆换时，宜将该立管全部拆换。

12.4.6 通气管损坏应予检修；凡开裂、腐蚀严重的应予拆换。

12.4.7 通气管不得接入烟道或风道内。

12.4.8 凡有排水立管无检查口，应增设检查口，并应符合设计规范规定。

12.4.9 凡拆换过立管的排出管应同时拆换；在排出管和立管的连接处，应有防止堵塞的措施。

12.4.10 增设卫生洁具时，应校核各排水管段的排水流量，其流量不得大于本规程表 12.4.10 的规定。

表 12.4.10 无专用透气立管的排水立管临界流量值（L/s）

管径（mm）	50	75	100	150
立管的临界流量值（管径 50mm）	1.00	2.50	4.50	10.00

12.4.11 铸铁排水管除建筑设计对色调有特殊要求外，均应涂刷沥青一遍。

12.5.1 卫生洁具及冲洗水箱的部件损坏，应予检修；凡锈蚀严重、漏水或开关失灵影响正常使用的部件，应予拆换。

12.5.2 根据需要增加大、小便槽蹲位长度时，应校核冲洗水箱的容量。

12.5.3 各类钢铁构件、设备均应作防腐处理，锈蚀严重的应予拆换。

二十六、《公共建筑节能改造技术规范》JGJ 176—2009

5.1.1 公共建筑外围护结构进行节能改造后，所改造部位的热工性能应符合现行国家标准《公共建筑节能设计标准》GB 50189 的规定性指标限值的要求。

6.1.6 公共建筑节能改造后，采暖空调系统应具备室温调控功能。

二十七、《城市轨道交通建设项目管理规范》GB 50722—2011

3.1.5 城市轨道交通项目安全设施必须与城市轨道交通工程统一规划、统一设计、同步建设。

6.2.4 详勘成果必须由建设管理单位送审查机构审查。未经审查通过不得作为施工图设计文件依据。

6.4.6 设计质量控制应符合下列要求：

　　3 建设管理单位必须委托具有施工图审查资质的单位对施工图设计文件进行审查；

8.1.3 城市轨道交通建设项目工程完工后，建设管理单位应组织验收。未经验收或验收不合格的工程不得交付使用。

8.2.3 建设管理单位在取得施工许可证或者开工报告前，应到建设行政主管部门办理工程质量监督手续。

10.1.4 采购的产品必须符合职业健康安全和环境管理要求。

18.2.4 在与列车运行有关的系统联调开始前，必须完成行车相关区段轨道系统、供电系统初验、冷滑试验和热滑试验。试验合格后，方可进行与列车运行有关的系统联调。

二十八、《城市轨道交通地下工程建设风险管理规范》GB 50652—2011

1.0.3 城市轨道交通地下工程建设风险管理，必须遵循节能、节地、保护环境和可持续发展的基本方针。

1.0.4 城市轨道交通地下工程建设风险管理，应从规划、可行性研究、勘察设计、施工直至竣工验收并交付使用，实施全过程的建设风险管理。

9.1.2 城市轨道交通地下工程施工必须实施动态风险管理，利用现场监测数据和风险记录，实现施工风险动态跟踪与控制。

第八篇　电气与智能

**一、《电气装置安装工程　电缆线路施工及验收标准》GB
50168—2018**

5.2.10　金属电缆支架、桥架及竖井全长均必须有可靠的接地。

8.0.1　对爆炸和火灾危险环境、电缆密集场所或可能着火蔓延
而酿成严重事故的电缆线路，防火阻燃措施必须符合设计要求。

**二、《电气装置安装工程　旋转电机施工及验收标准》GB
50170—2018**

4.1.3　发电机、调相机必须有不少于 2 个明显接地点，并应分
别引入接地网的不同位置，接地必须牢固可靠。

5.1.1　电动机必须有明显可靠的接地。

**三、《电气装置安装工程　接地装置施工及验收规范》GB
50169—2016**

3.0.4　电气装置的下列金属部分，均必须接地：

1　电气设备的金属底座、框架及外壳和传动装置。

2　携带式或移动式用电器具的金属底座和外壳。

3　箱式变电站的金属箱体。

4　互感器的二次绕组。

5　配电、控制、保护用的屏（柜、箱）及操作台的金属框
架和底座。

6　电力电缆的金属护层、接头盒、终端头和金属保护管及
二次电缆的屏蔽层。

7　电缆桥架、支架和井架。

8　变电站（换流站）构、支架。

9　装有架空地线或电气设备的电力线路杆塔。

10　配电装置的金属遮拦。

11　电热设备的金属外壳。

4.1.8　严禁利用金属软管、管道保温层的金属外皮或金属网、

低压照明网络的导线铅皮以及电缆金属护层作为接地线。

4.2.9　电气装置的接地必须单独与接地母线或接地网相连接，严禁在一条接地线中串接两个及两个以上需要接地的电气装置。

四、《电气装置安装工程　电气设备交接试验标准》GB 50150—2016

4.0.5　定子绕组直流耐压试验和泄漏电流测量，应符合下列规定：

　　3　氢冷电机应在充氢前进行试验，严禁在置换氢过程中进行试验；

4.0.6　定子绕组交流耐压试验，应符合下列规定：

　　3　水内冷电机在通水情况下进行试验，水质应合格；氢冷电机应在充氢前进行试验，严禁在置换氢过程中进行；

五、《电气装置安装工程　起重机电气装置施工及验收规范》GB 50256—2014

3.0.9　起重机非带电金属部分的接地应符合下列规定：

　　2　司机室与起重机本体用螺栓连接时，必须进行电气跨接；其跨接点不应少于两处。

4.0.1　滑触线的布置应符合设计要求；当设计无要求时，应符合下列规定：

　　3　裸露式滑触线在靠近走梯、过道等行人可触及的部分，必须设有遮拦保护。

6.0.4　制动装置的安装应符合下列规定：

　　1　制动装置的动作必须迅速、准确、可靠。

6.0.9　起重荷载限制器的调试应符合下列规定：

　　1　起重荷载限制器综合误差，严禁大于8％。

　　2　当载荷达到额定起重量的90％时，必须发出提示性报警信号。

　　3　当载荷达到额定起重量的110％时，必须自动切断起升机构电动机的电源，并应发出禁止性报警信号。

六、《电气装置安装工程　低压电器施工及验收规范》GB 50254—2014

3.0.16　需要接地的电器金属外壳、框架必须可靠接地。

9.0.2　三相四线系统安装熔断器时，必须安装在相线上，中性线（N 线）、保护中性线（PEN 线）严禁安装熔断器。

七、《电气装置安装工程　爆炸和火灾危险环境电气装置施工及验收规范》GB 50257—2014

5.1.3　爆炸危险环境内采用的低压电缆和绝缘导线，其额定电压必须高于线路的工作电压，且不得低于 500V，绝缘导线必须敷设于钢管内。电气工作中性线绝缘层的额定电压，必须与相线电压相同，并必须在同一护套或钢管内敷设。

5.1.7　架空线路严禁跨越爆炸性危险环境；架空线路与爆炸性危险环境的水平距离，不应小于杆塔高度的 1.5 倍。

5.2.1　电缆线路在爆炸危险环境内，必须在相应的防爆接线盒或分线盒内连接或分路。

5.4.2　本质安全电路关联电路的施工，应符合下列规定：

1　本质安全电路与非本质安全电路不得共用同一电缆或钢管；本质安全电路或关联电路，严禁与其他电路共用同一条电缆或钢管。

7.1.1　在爆炸危险环境的电气设备的金属外壳、金属构架、安装在已接地的金属结构上的设备、金属配线管及其配件、电缆保护管、电缆的金属护套等非带电的裸露金属部分，均应接地。

7.2.2　引入爆炸危险环境的金属管道、配线的钢管、电缆的铠装及金属外壳，必须在危险区域的进口处接地。

八、《电气装置安装工程　电力变流设备施工及验收规范》GB 50255—2014

4.0.4 变流柜和控制柜除设计采用绝缘安装外，其外露金属部分必须可靠接地，接地方式、接地线应符合设计要求，接地标识应明显。转动式门板与已接地的框架之间应有可靠的电气连接。

九、《电气装置安装工程　盘、柜及二次回路接线施工及验收规范》GB 50171—2012

4.0.6 成套柜的安装应符合下列规定：
　1　机械闭锁、电气闭锁应动作准确、可靠。
4.0.8 手车式柜的安装应符合下列规定：
　1　机械闭锁、电气闭锁应动作准确、可靠。
7.0.2 成套柜的接地母线应与主接地网连接可靠。

十、《电气装置安装工程　蓄电池施工及验收规范》GB 50172—2012

3.0.7 蓄电池室应采用防爆型灯具、通风电机，室内照明线应采用穿管暗敷，室内不得装设开关和插座。

十一、《电气装置安装工程　母线装置施工及验收规范》GB 50149—2010

3.5.7 耐张线夹压接前应对每种规格的导线取试件两件进行试压，并应在试压合格后再施工。

十二、《电气装置安装工程　高压电器施工及验收规范》GB 50147—2010

4.4.1 在验收时，应进行下列检查：
　4　断路器及其操动机构的联动应正常，无卡阻现象；分、合闸指示应正确；辅助开关动作应正确可靠。

5　密度继电器的报警、闭锁值应符合产品技术文件的要求，电气回路传动应正确。

6　六氟化硫气体压力、泄漏率和含水量应符合现行国家标准《电气装置安装工程　电气设备交接试验标准》GB 50150 及产品技术文件的规定。

5.2.7　GIS 元件的安装应在制造厂技术文件指导下按产品技术文件要求进行，并应符合下列要求：

6　预充氮气的箱体应先经排氮，然后充干燥空气，箱体内空气中的氧气含量必须达到 18% 以上时，安装人员才允许进入内部进行检查或安装。

5.6.1　在验收时，应进行下列检查：

4　GIS 中的断路器、隔离开关、接地开关及其操动机构的联动应正常、无卡阻现象；分、合闸指示应正确；辅助开关及电气闭锁应动作正确、可靠。

5　密度继电器的报警、闭锁值应符合规定，电气回路传动应正确。

6　六氟化硫气体漏气率和含水量，应符合现行国家标准《电气装置安装工程　电气设备交接试验标准》GB 50150 及产品技术文件的规定。

6.4.1　验收时，应进行下列检查：

3　真空断路器与操动机构联动应正常、无卡阻；分、合闸指示应正确；辅助开关动作应准确、可靠。

6　高压开关柜应具备防止电气误操作的"五防"功能。

十三、《电气装置安装工程　电力变压器、油浸电抗器、互感器施工及验收规范》GB 50148—2010

4.1.3　变压器、电抗器在装卸和运输过程中，不应有严重冲击和振动。电压在 220kV 及以上且容量在 150MV·A 及以上的变压器和电压为 330kV 及以上的电抗器均应装设三维冲击记录仪。冲击允许值应符合制造厂及合同的规定。

4.1.7 充干燥气体运输的变压器、电抗器油箱内的气体压力应保持在 0.01MPa～0.03MPa；干燥气体露点必须低于－40℃；每台变压器、电抗器必须配有可以随时补气的纯净、干燥气体瓶，始终保持变压器、电抗器内为正压力，并设有压力表进行监视。

4.4.3 充氮的变压器、电抗器需吊罩检查时，必须让器身在空气中暴露 15min 以上，待氮气充分扩散后进行。

4.5.3 有下列情况之一时，应对变压器、电抗器进行器身检查：

2 变压器、电抗器运输和装卸过程中冲撞加速度出现大于 3g 或冲撞加速度监视装置出现异常情况时，应由建设、监理、施工、运输和制造厂等单位代表共同分析原因并出具正式报告。必须进行运输和装卸过程分析，明确相关责任，并确定进行现场器身检查或返厂进行检查和处理。

4.5.5 进行器身检查时必须符合以下规定：

1 凡雨、雪天，风力达 4 级以上，相对湿度 75% 以上的天气，不得进行器身检查。

2 在没有排氮前，任何人不得进入油箱。当油箱内的含氧量未达到 18% 以上时，人员不得进入。

3 在内检过程中，必须向箱体内持续补充露点低于－40℃的干燥空气，以保持含氧量不得低于 18%，相对湿度不应大于 20%；补充干燥空气的速率，应符合产品技术文件要求。

4.9.1 绝缘油必须按现行国家标准《电气装置安装工程　电气设备交接试验标准》GB 50150 的规定试验合格后，方可注入变压器、电抗器中。

4.9.2 不同牌号的绝缘油或同牌号的新油与运行过的油混合使用前，必须做混油试验。

4.9.6 在抽真空时，必须将不能承受真空下机械强度的附件与油箱隔离；对允许抽同样真空度的部件，应同时抽真空；真空泵或真空机组应有防止突然停止或因误操作而引起真空泵油倒灌的措施。

4.12.1 变压器、电抗器在试运行前，应进行全面检查，确认其符合运行条件时，方可投入试运行。检查项目应包括以下内容和要求：

　　3 事故排油设施应完好，消防设施齐全。

　　5 变压器本体应两点接地。中性点接地引出后，应有两根接地引线与主接地网的不同干线连接，其规格应满足设计要求。

　　6 铁芯和夹件的接地引出套管、套管的末屏接地应符合产品技术文件的要求；电流互感器备用二次线圈端子应短接接地；套管顶部结构的接触及密封应符合产品技术文件的要求。

4.12.2 变压器、电抗器试运行时应按下列规定项目进行检查：

　　1 中性点接地系统的变压器，在进行冲击合闸时，其中性点必须接地。

5.3.1 互感器安装时应进行下列检查：

　　5 气体绝缘的互感器应检查气体压力或密度符合产品技术文件的要求，密封检查合格后方可对互感器充 SF_6 气体至额定压力，静置 24h 后进行 SF_6 气体含水量测量并合格。气体密度表、继电器必须经核对性检查合格。

5.3.6 互感器的下列各部位应可靠接地：

　　1 分级绝缘的电压互感器，其一次绕组的接地引出端子；电容式电压互感器的接地应符合产品技术文件的要求。

　　2 电容型绝缘的电流互感器，其一次绕组末屏的引出端子、铁芯引出接地端子。

　　3 互感器的外壳。

　　4 电流互感器的备用二次绕组端子应先短路后接地。

　　5 倒装式电流互感器二次绕组的金属导管。

　　6 应保证工作接地点有两根与主接地网不同地点连接的接地引下线。

十四、《民用闭路监视电视系统工程技术规范》GB 50198—2011

3.4.6　每路存储的图像分辨率必须不低于 352×288，每路存储的时间必须不少于 $7 \times 24h$。

3.4.10　监控（分）中心的显示设备的分辨率必须不低于系统对采集规定的分辨率。

十五、《民用建筑电气设计规范》JGJ 16—2008

3.2.8　一级负荷应由两个电源供电，当一个电源发生故障时，另一个电源不应同时受到损坏。

3.3.2　应急电源与正常电源之间必须采取防止并列运行的措施。

4.3.5　设置在民用建筑中的变压器，应选择干式、气体绝缘或非可燃性液体绝缘的变压器。当单台变压器油量为 100kg 及以上时，应设置单独的变压器室。

4.7.3　当成排布置的配电屏长度大于 6m 时，屏后面的通道应设有两个出口。当两出口之间的距离大于 15m 时，应增加出口。

4.9.1　可燃油油浸电力变压器室的耐火等级应为一级。非燃或难燃介质的电力变压器室、电压为 10(6)kV 的配电装置室和电容器室的耐火等级不应低于二级。低压配电装置室和电容器室的耐火等级不应低于三级。

4.9.2　配变电所的门应为防火门，并应符合下列规定：

　　1　配变电所位于高层主体建筑（或裙房）内时，通向其他相邻房间的门应为甲级防火门，通向过道的门应为乙级防火门；

　　2　配变电所位于多层建筑物的二层或更高层时，通向其他相邻房间的门应为甲级防火门，通向过道的门应为乙级防火门；

　　3　配变电所位于多层建筑物的一层时，通向相邻房间或过道的门应为乙级防火门；

　　4　配变电所位于地下层或下面有地下层时，通向相邻房间或过道的门应为甲级防火门；

5 配变电所附近堆有易燃物品或通向汽车库的门应为甲级防火门；

6 配变电所直接通向室外的门应为丙级防火门。

7.4.2 低压配电导体截面的选择应符合下列要求：

1 按敷设方式、环境条件确定的导体截面，其导体载流量不应小于预期负荷的最大计算电流和按保护条件所确定的电流；

2 线路电压损失不应超过允许值；

3 导体应满足动稳定与热稳定的要求；

4 导体最小截面应满足机械强度的要求，配电线路每一相导体截面不应小于表 7.4.2 的规定。

表 7.4.2　导体最小允许截面

布线系统形式	线路用途	导体最小截面（mm²）	
		铜	铝
固定敷设的电缆和绝缘电线	电力和照明线路	1.5	2.5
	信号和控制线路	0.5	—
固定敷设的裸导体	电力（供电）线路	10	16
	信号和控制线路	4	—
用绝缘电线和电缆的柔性连接	任何用途	0.75	—
	特殊用途的特低压电路	0.75	—

7.4.6 外界可导电部分，严禁用作 PEN 导体。

7.5.2 在 TN-C 系统中，严禁断开 PEN 导体，不得装设断开 PEN 导体的电器。

7.6.2 配电线路的短路保护应在短路电流对导体和连接件产生的热效应和机械力造成危险之前切断短路电流。

7.6.4 配电线路的过负荷保护，应在过负荷电流引起的导体温升对导体的绝缘、接头、端子或导体周围的物质造成损害前切断负荷电流。对于突然断电比过负荷造成的损失更大的线路，该线路的过负荷保护应作用于信号而不应切断电路。

7.7.5 对于相导体对地标称电压为 220V 的 TN 系统配电线路

的接地故障保护，其切断故障回路的时间应符合下列要求：

　　1　对于配电线路或仅供给固定式电气设备用电的末端线路，不应大于 5s；

　　2　对于供电给手持式电气设备和移动式电气设备末端线路或插座回路，不应大于 0.4s。

11.1.7　在防雷装置与其他设施和建筑物内人员无法隔离的情况下，装有防雷装置的建筑物，应采取等电位联结。

11.2.3　符合下列情况之一的建筑物，应划为第二类防雷建筑物：

　　1　高度超过 100m 的建筑物；

　　2　国家级重点文物保护建筑物；

　　3　国家级的会堂、办公建筑物、档案馆、大型博展建筑物；特大型、大型铁路旅客站；国际性的航空港、通信枢纽；国宾馆、大型旅游建筑物；国际港口客运站；

　　4　国家级计算中心、国家级通信枢纽等对国民经济有重要意义且装有大量电子设备的建筑物；

　　5　年预计雷击次数大于 0.06 的部、省级办公建筑物及其他重要或人员密集的公共建筑物；

　　6　年预计雷击次数大于 0.3 的住宅、办公楼等一般民用建筑物。

11.2.4　符合下列情况之一的建筑物，应划为第三类防雷建筑物：

　　1　省级重点文物保护建筑物及省级档案馆；

　　2　省级大型计算中心和装有重要电子设备的建筑物；

　　3　19 层及以上的住宅建筑和高度超过 50m 的其他民用建筑物；

　　4　年预计雷击次数大于或等于 0.012 且小于或等于 0.06 的部、省级办公建筑物及其他重要或人员密集的公共建筑物；

　　5　年预计雷击次数大于或等于 0.06 且小于或等于 0.3 的住宅、办公楼等一般民用建筑物；

6 建筑群中最高的建筑物或位于建筑群边缘高度超过 20m 的建筑物；

7 通过调查确认当地遭受过雷击灾害的类似建筑物；历史上雷害事故严重地区或雷害事故较多地区的较重要建筑物；

8 在平均雷暴日大于 15d/a 的地区，高度大于或等于 15m 的烟囱、水塔等孤立的高耸构筑物；在平均雷暴日小于或等于 15d/a 的地区，高度大于或等于 20m 的烟囱、水塔等孤立的高耸构筑物。

11.6.1 不得利用安装在接收无线电视广播的共用天线的杆顶上的接闪器保护建筑物。

11.8.9 当采用敷设在钢筋混凝土中的单根钢筋或圆钢作为防雷装置时，钢筋或圆钢的直径不应小于 10mm。

11.9.5 当电子信息系统设备由 TN 交流配电系统供电时，其配电线路必须采用 TN-S 系统的接地形式。

12.2.3 采用 TN-C-S 系统时，当保护导体与中性导体从某点分开后不应再合并，且中性导体不应再接地。

12.2.6 IT 系统中包括中性导体在内的任何带电部分严禁直接接地。IT 系统中的电源系统对地应保持良好的绝缘状态。

12.3.4 下列部分严禁保护接地：

1 采用设置绝缘场所保护方式的所有电气设备外露可导电部分及外界可导电部分；

2 采用不接地的局部等电位联结保护方式的所有电气设备外露可导电部分及外界可导电部分；

3 采用电气隔离保护方式的电气设备外露可导电部分及外界可导电部分；

4 在采用双重绝缘及加强绝缘保护方式中的绝缘外护物里面的可导电部分。

12.5.2 在地下禁止采用裸铝导体作接地极或接地导体。

12.5.4 包括配线用的钢导管及金属线槽在内的外界可导电部分，严禁用作 PEN 导体。PEN 导体必须与相导体具有相同的绝缘水平。

12.6.2 手持式电气设备应采用专用保护接地芯导体，且该芯导体严禁用来通过工作电流。

14.9.4 系统监控中心应设置为禁区，应有保证自身安全的防护措施和进行内外联络的通信手段，并应设置紧急报警装置和留有向上一级接处警中心报警的通行接口。

十六、《住宅建筑电气设计规范》JGJ 242—2011

4.3.2 设置在住宅建筑内的变压器，应选择干式、气体绝缘或非可燃性液体绝缘的变压器。

8.4.3 家居配电箱应装设同时断开相线和中性线的电源进线开关电器，供电回路应装设短路和过负荷保护电器，连接手持式及移动式家用电器的电源插座回路应装设剩余电流动作保护器。

10.1.1 建筑高度为 100m 或 35 层及以上的住宅建筑和年预计雷击次数大于 0.25 的住宅建筑，应按第二类防雷建筑物采取相应的防雷措施。

10.1.2 建筑高度为 50m～100m 或 19 层～34 层的住宅建筑和年预计雷击次数大于或等于 0.05 且小于或等于 0.25 的住宅建筑，应按不低于第三类防雷建筑物采取相应的防雷措施。

十七、《交通建筑电气设计规范》JGJ 243—2011

6.4.7 Ⅱ类及以上民用机场航站楼、特大型和大型铁路旅客车站、集民用机场航站楼或铁路及城市轨道交通车站等为一体的大型综合交通枢纽站、地铁车站、磁浮列车站及具有一级耐火等级的交通建筑内，成束敷设的电线电缆应采用绝缘及护套为低烟无卤阻燃的电线电缆。

8.4.2 应急照明的配电应按相应建筑的最高级别负荷电源供给，且应能自动投入。

十八、《商店建筑电气设计规范》JGJ 392—2016

3.5.4 大型超级市场应设置自备电源。

4.5.5 超级市场、菜市场中水产区高于交流 50V 的电气设备应设置在 2 区以外，防护等级不应低于 IPX2。

5.3.6 大（中）型商店建筑、总建筑面积大于 500m² 的地下和半地下商店应在通往安全出口的疏散走道地面上增设能保持视觉连续的灯光或蓄光疏散指示标志。

5.3.7 大型商店、地下或半地下商店建筑内应急照明及疏散指示标志的备用电源应采用自备电源。

9.7.4 商店的收银台应设置视频安防监控系统。

十九、《会展建筑电气设计规范》JGJ 333—2014

8.3.6 展位箱、综合展位箱的出线开关以及配电箱（柜）直接为展位用电设备供电的出线开关，应装设不超过 30mA 剩余电流动作保护装置。

二十、《医疗建筑电气设计规范》JGJ 312—2013

7.1.2 对于需进行射线防护的房间，其供电、通信的电缆沟或电气管线严禁造成射线泄漏；其他电气管线不得进入和穿过射线防护房间。

9.3.1 医疗场所配电系统的接地形式严禁采用 TN-C 系统。

二十一、《教育建筑电气设计规范》JGJ 310—2013

4.3.3 附设在教育建筑内的变电所，不应与教室、宿舍相贴邻。

5.2.4 中小学、幼儿园的电源插座必须采用安全型。幼儿活动场所电源插座底边距地不应低于 1.8m。

二十二、《金融建筑电气设计规范》JGJ 284—2012

4.2.1 金融设施的用电负荷等级应符合表 4.2.1 的规定。

表 4.2.1　金融设施的用电负荷等级

金融设施等级	用电负荷等级
特级	一级负荷中特别重要的负荷
一级	一级负荷
二级	二级负荷
三级	三级负荷

19.2.1　自助银行及自动柜员机室的现金装填区域应设置视频安全监控装置、出入口控制装置和入侵报警装置，且应具备与 110 报警系统联网功能。

二十三、《建筑电气工程电磁兼容技术规范》GB 51204—2016

8.3.5　电源滤波器金属外壳必须与电磁屏蔽室的金属屏蔽层做可靠的电气连接并接地。

二十四、《建筑电气照明装置施工与验收规范》GB 50617—2010

3.0.6　在砌体和混凝土结构上严禁使用木楔、尼龙塞或塑料塞安装固定电气照明装置。

4.1.12　Ⅰ类灯具的不带电的外露可导电部分必须与保护接地线（PE）可靠连接，且应有标识。

4.1.15　质量大于 10kg 的灯具，其固定装置应按 5 倍灯具重量的恒定均布载荷全数作强度试验，历时 15min，固定装置的部件应无明显变形。

4.3.3　建筑物景观照明灯具安装应符合下列规定：

　　1　在人行道等人员来往密集场所安装的灯具，无围栏防护时灯具底部距地面高度应在 2.5m 以上；

　　2　灯具及其金属构架和金属保护管与保护接地线（PE）应连接可靠，且有标识；

　　3　灯具的节能分级应符合设计要求。

5.1.2　插座的接线应符合下列规定：

1 单相两孔插座，面对插座，右孔或上孔应与相线连接，左孔或下孔应与中性线连接；单相三孔插座，面对插座，右孔应与相线连接，左孔应与中性线连接；

2 单相三孔、三相四孔及三相五孔插座的保护接地线（PE）必须接在上孔。插座的保护接地端子不应与中性线端子连接。同一场所的三相插座，接线的相序应一致；

3 保护接地线（PE）在插座间不得串联连接。

7.2.1 当有照度和功率密度测试要求时，应在无外界光源的情况下，测量并记录被检测区域内的平均照度和功率密度值，每种功能区域检测不少于2处。

1 照度值不得小于设计值；

2 功率密度值应符合现行国家标准《建筑照明设计标准》GB 50034 的规定或设计要求。

二十五、《智能建筑设计标准》GB 50314—2015

4.6.6 总建筑面积大于 20000m² 的公共建筑或建筑高度超过100m 的建筑所设置的应急响应系统，必须配置与上一级应急响应系统信息互联的通信接口。

4.7.6 机房工程紧急广播系统备用电源的连续供电时间，必须与消防疏散指示标志照明备用电源的连续供电时间一致。

二十六、《20kV 及以下变电所设计规范》GB 50053—2013

2.0.2 油浸变压器的车间内变电所，不应设在三、四级耐火等级的建筑物内；当设在二级耐火等级的建筑物内时，建筑物应采取局部防火措施。

4.1.3 户内变电所每台油量大于或等于100kg 的油浸三相变压器，应设在单独的变压器室内，并应有储油或挡油、排油等防火设施。

4.2.3 当露天或半露天变压器供给一级负荷用电时，相邻油浸变压器的净距不应小于5m；当小于 5m 时，应设置防火墙。

6.1.1 变压器室、配电室和电容器室的耐火等级不应低于二级。

6.1.2 位于下列场所的油浸变压器室的门应采用甲级防火门：

1 有火灾危险的车间内；

2 容易沉积可燃粉尘、可燃纤维的场所；

3 附近有粮、棉及其他易燃物大量集中的霉天堆场；

4 民用建筑物内，门通向其他相邻房间；

5 油浸变压器室下面有地下室。

6.1.3 民用建筑内变电所防火门的设置应符合下列规定：

1 变电所位于高层主体建筑或裙房内时，通向其他相邻房间的门应为甲级防火门，通向过道的门应为乙级防火门；

2 变电所位于多层建筑物的二层或更高层时，通向其他相邻房间的门应为甲级防火门，通向过道的门应为乙级防火门；

3 变电所位于单层建筑物内或多层建筑物的一层时，通向其他相邻房间或过道的门应为乙级防火门；

4 变电所位于地下层或下面有地下层时，通向其他相邻房间或过道的门应为甲级防火门；

5 变电所附近堆有易燃物品或通向汽车库的门应为甲级防火门；

6 变电所直接通向室外的门应为丙级防火门。

6.1.5 当露天或半露天变电所安装油浸变压器，且变压器外廓与生产建筑物外墙的距离小于 5m 时，建筑物外墙在下列范围内不得有门、窗或通风孔：

1 油量大于 1000kg 时，在变压器总高度加 3m 及外廓两侧各加 3m 的范围内；

2 油量小于或等于 1000kg 时，在变压器总高度加 3m 及外廓两侧各加 1.5m 的范围内。

6.1.6 高层建筑物的裙房和多层建筑物内的附设变电所及车间内变电所的油浸变压器室，应设置容量为 100% 变压器油量的储油池。

6.1.7 当设置容量不低于 20% 变压器油量的挡油池时，应有能将油排到安全场所的设施。位于下列场所的油浸变压器室，应设置容量为100％变压器油量的储油池或挡油设施：

  1 容易沉积可燃粉尘、可燃纤维的场所；

  2 附近有粮、棉及其他易燃物大量集中的露天场所；

  3 油浸变压器室下面有地下室。

6.1.9 在多层建筑物或高层建筑物裙房的首层布置油浸变压器的变电站时，首层外墙开口部位的上方应设置宽度不小于1.0m的不燃烧体防火挑檐或高度不小于1.2m的窗槛墙。

二十七、《供配电系统设计规范》GB 50052—2009

3.0.1 电力负荷应根据对供电可靠性的要求及中断供电在对人身安全、经济损失上所造成的影响程度进行分级，并应符合下列规定：

  1 符合下列情况之一时，应视为一级负荷。

   1）中断供电将造成人身伤害时。

   2）中断供电将在经济上造成重大损失时。

   3）中断供电将影响重要用电单位的正常工作。

  2 在一级负荷中，当中断供电将造成人员伤亡或重大设备损坏或发生中毒、爆炸和火灾等情况的负荷，以及特别重要场所的不允许中断供电的负荷，应视为一级负荷中特别重要的负荷。

  3 符合下列情况之一时，应视为二级负荷。

   1）中断供电将在经济上造成较大损失时。

   2）中断供电将影响较重要用电单位的正常工作。

  4 不属于一级和二级负荷者应为三级负荷。

3.0.2 一级负荷应由双重电源供电，当一电源发生故障时，另一电源不应同时受到损坏。

3.0.3 一级负荷中特别重要的负荷供电，应符合下列要求：

  1 除应由双重电源供电外，尚应增设应急电源，并严禁将其他负荷接入应急供电系统。

  2 设备的供电电源的切换时间，应满足设备允许中断供电的要求。

3.0.9 备用电源的负荷严禁接入应急供电系统。

4.0.2 应急电源与正常电源之间，应采取防止并列运行的措施。当有特殊要求，应急电源向正常电源转换需短暂并列运行时，应采取安全运行的措施。

二十八、《低压配电设计规范》GB 50054—2011

3.1.4 在 TN-C 系统中不应将保护接地中性导体隔离，严禁将保护接地中性导体接入开关电器。

3.1.7 半导体开关电器，严禁作为隔离电器。

3.1.10 隔离器、熔断器和连接片，严禁作为功能性开关电器。

3.1.12 采用剩余电流动作保护电器作为间接接触防护电器的回路时，必须装设保护导体。

3.2.13 装置外可导电部分严禁作为保护接地中性导体的一部分。

4.2.6 配电室通道上方裸带电体距地面的高度不应低于 2.5m；当低于 2.5m 时，应设置不低于现行国家标准《外壳防护等级（IP 代码）》GB 4208 规定的 IP××B 级或 IP2× 级的遮栏或外护物，遮栏或外护物底部距地面的高度不应低于 2.2m。

7.4.1 除配电室外，无遮护的裸导体至地面的距离，不应小于 3.5m；采用防护等级不低于现行国家标准《外壳防护等级（IP 代码）》GB 4208 规定的 IP2× 的网孔遮栏时，不应小于 2.5m。网状遮栏与裸导体的间距，不应小于 100mm；板状遮栏与裸导体的间距，不应小于 50mm。

二十九、《通用用电设备配电设计规范》GB 50055—2011

2.3.1 交流电动机应装设短路保护和接地故障的保护。

2.5.5 当反转会引起危险时，反接制动的电动机应采取防止制动终了时反转的措施。

2.5.6 电动机旋转方向的错误将危及人员和设备安全时，应采取防止电动机倒相造成旋转方向错误的措施。

3.1.13 在起重机的滑触线上严禁连接与起重机无关的用电设备。

三十、《电力工程电缆设计标准》GB 50217—2018

5.1.9 在隧道、沟、浅槽、竖井、夹层等封闭式电缆通道中，不得布置热力管道，严禁有可燃气体或可燃液体的管道穿越。

三十一、《综合布线系统工程设计规范》GB 50311—2016

4.1.1 在公用电信网络已实现光纤传输的地区，建筑物内设置用户单元时，通信设施工程必须采用光纤到用户单元的方式建设。

4.1.2 光纤到用户单元通信设施工程的设计必须满足多家电信业务经营者平等接入、用户单元内的通信业务使用者可自由选择电信业务经营者的要求。

4.1.3 新建光纤到用户单元通信设施工程的地下通信管道、配线管网、电信间、设备间等通信设施，必须与建筑工程同步建设。

8.0.10 当电缆从建筑物外面进入建筑物时，应选用适配的信号线路浪涌保护器。

三十二、《入侵报警系统工程设计规范》GB 50394—2007

3.0.3 入侵报警系统中使用的设备必须符合国家法律法规和现行强制性标准的要求，并经法定机构检验或认证合格。

5.2.2 入侵报警系统不得有漏报警。

5.2.3 入侵报警功能设计应符合下列规定：

  1 紧急报警装置应设置为不可撤防状态，应有防误触发措施，被触发后应自锁。

  2 当下列任何情况发生时，报警控制设备应发出声、光报警信息，报警信息应能保持到手动复位，报警信号应无丢失：

1）在设防状态下，当探测器探测到有入侵发生或触动紧
急报警装置时，报警控制设备应显示出报警发生的区
域或地址；

2）在设防状态下，当多路探测器同时报警（含紧急报警
装置报警）时，报警控制设备应依次显示出报警发生
的区域或地址。

3　报警发生后，系统应能手动复位，不应自动复位。

4　在撤防状态下，系统不应对探测器的报警状态做出响应。

5.2.4　防破坏及故障报警功能设计应符合下列规定：

当下列任何情况发生时，报警控制设备上应发出声、光报警
信息，报警信息应能保持到手动复位，报警信号应无丢失：

1　在设防或撤防状态下，当入侵探测器机壳被打开时。

2　在设防或撤防状态下，当报警控制器机盖被打开时。

3　在有线传输系统中，当报警信号传输线被断路、短路时。

4　在有线传输系统中，当探测器电源线被切断时。

5　当报警控制器主电源/备用电源发生故障时。

6　在利用公共网络传输报警信号的系统中，当网络传输发
生故障或信息连续阻塞超过30s时。

9.0.1　系统安全性设计除应符合现行国家标准《安全防范工程
技术规范》GB 50348的相关规定外，尚应符合下列规定：

3　系统供电暂时中断，恢复供电后，系统应不需设置即能
恢复原有工作状态。

三十三、《视频安防监控系统工程设计规范》GB 50395—2007

3.0.3　视频安防监控系统中使用的设备必须符合国家法律法规
和现行强制性标准的要求，并经法定机构检验或认证合格。

5.0.4　系统控制功能应符合下列规定：

3　矩阵切换和数字视频网络虚拟交换/切换模式的系统应具
有系统信息存储功能，在供电中断或关机后，对所有编程信息和
时间信息均应保持。

5.0.5　监视图像信息和声音信息应具有原始完整性。

5.0.7　图像记录功能应符合下列规定：

　　3　系统记录的图像信息应包含图像编号/地址、记录时的时间和日期。

三十四、《出入口控制系统工程设计规范》GB 50396—2007

3.0.3　出入口控制系统中使用的设备必须符合国家法律法规和现行强制性标准的要求，并经法定机构检验或认证合格。

5.1.7　软件及信息保存应符合下列规定：

　　3　当供电不正常、掉电时，系统的密钥（钥匙）信息及各记录信息不得丢失。

6.0.2　设备的设置应符合下列规定：

　　2　采用非编码信号控制和/或驱动执行部分的管理与控制设备，必须设置于该出入口的对应受控区、同级别受控区或高级别受控区内。

7.0.4　执行部分的输入电缆在该出入口的对应受控区、同级别受控区或高级别受控区外的部分，应封闭保护，其保护结构的抗拉伸、抗弯折强度应不低于镀锌钢管。

9.0.1　系统安全性设计除应符合现行国家标准《安全防范工程技术规范》GB 50348 的有关规定外，还应符合下列规定：

　　2　系统必须满足紧急逃生时人员疏散的相关要求。当通向疏散通道方向为防护面时，系统必须与火灾报警系统及其他紧急疏散系统联动，当发生火警或需紧急疏散时，人员不使用钥匙应能迅速安全通过。

三十五、《通信局（站）防雷与接地工程设计规范》GB 50689—2011

1.0.6　通信局（站）雷电过电压保护工程，必须选用经过国家认可的第三方检测部门测试合格的防雷器。

3.1.1　通信局（站）的接地系统必须采用联合接地的方式。

3.1.2　大、中型通信局（站）必须采用 TN-S 或 TN-C-S 供电方式。

3.6.8　接地线中严禁加装开关或熔断器。

3.9.1　接地线与设备及接地排连接时必须加装铜接线端子，并应压（焊）接牢固。

3.10.3　计算机控制中心或控制单元必须设置在建筑物的中部位置，并必须避开雷电浪涌集中的雷电流分布通道，且计算机严禁直接使用建筑物外墙体的电源插孔。

3.11.2　通信局（站）范围内，室外严禁采用架空走线。

3.13.6　局站机房内配电设备的正常不带电部分均应接地，严禁作接零保护。

3.14.1　室内的走线架及各类金属构件必须接地，各段走线架之间必须采用电气连接。

4.8.1　楼顶的各种金属设施，必须分别与楼顶避雷带或接地预留端子就近连通。

5.3.1　宽带接入点用户单元的设备必须接地。

5.3.4　出入建筑物的网络线必须在网络交换机接口处加装网络数据 SPD。

6.4.3　接地排严禁连接到铁塔塔角。

6.6.4　GPS 天线设在楼顶时，GPS 馈线在楼顶布线严禁与避雷带缠绕。

7.4.6　缆线严禁系挂在避雷网或避雷带上。

9.2.9　可插拔防雷模块严禁简单并联作为 80kA、120kA 等量级的 SPD 使用。

三十六、《矿物绝缘电缆敷设技术规程》JGJ 232—2011

3.1.7　有耐火要求的线路，矿物绝缘电缆中间连接附件的耐火等级不应低于电缆本体的耐火等级。

4.1.7　交流系统单芯电缆敷设应采取下列防涡流措施：

　　1　电缆应分回路进出钢制配电箱（柜）、桥架；

2 电缆应采用金属件固定或金属线绑扎，且不得形成闭合铁磁回路；

3 当电缆穿过钢管（钢套管）或钢筋混凝土楼板、墙体的预留洞时，电缆应分回路敷设。

4.1.9 电缆首末端、分支处及中间接头处应设标志牌。

4.1.10 当电缆穿越不同防火区时，其洞口应采用不燃材料进行封堵。

4.10.1 当电缆铜护套作为保护导体使用时，终端接地铜片的最小截面积不应小于电缆铜护套截面积，电缆接地连接线允许最小截面积应符合表 4.10.1 的规定。

表 4.10.1　接地连接线允许最小截面积

电缆芯线截面积 S （mm²）	接地连接线允许最小截面积 （mm²）
S≤16	S
16＜S≤35	16
35＜S≤400	S/2

三十七、《数据中心设计规范》GB 50174—2017

8.4.4 数据中心内所有设备的金属外壳，各类金属管道、金属线槽、建筑物金属结构必须进行等电位联结并接地。

13.2.1 数据中心的耐火等级不应低于二级。

13.2.4 当数据中心与其他功能用房在同一建筑内时，数据中心与建筑内其他功能用房之间应采用耐火极限不低于 2.0h 的防火隔墙和 1.5h 的楼板隔开，隔墙上开门应采用甲级防火门。

13.3.1 采用管网式气体灭火系统或细水雾灭火系统的主机房，应同时设置两组独立的火灾探测器，火灾报警系统应与灭火系统和视频监控系统联动。

13.4.1 设置气体灭火系统的主机房，应配置专用空气呼吸器或氧气呼吸器。

三十八、《数据中心基础设施施工及验收规范》GB 50462—2015

3.1.5　对改建、扩建工程的施工，需改变原建筑结构及超过原设计荷载时，必须具有确认荷载的设计文件。

5.2.10　含有腐蚀性物质的铅酸类蓄电池，安装时必须采取佩戴防护装具以及安装排气装置等防护措施。

5.2.11　电池汇流排裸露的必须采取加装绝缘护板的防护措施。

6.2.2　数据中心区域内外露的不带电的金属物必须与建筑物进行等电位连接。

三十九、《互联网数据中心工程技术规范》GB 51195—2016

1.0.4　在我国抗震设防烈度7度以上（含7度）地区IDC工程中使用的主要电信设备必须经电信设备抗震性能检测合格。

4.2.2　施工开始以前必须对机房的安全条件进行全面检查，应符合下列规定：

　　1　机房内必须配备有效的灭火消防器材，机房基础设施中的消防系统工程应施工完毕，并应具备保持性能良好，满足IT设备系统安装、调测施工要求的使用条件。

　　2　楼板预留孔洞应配置非燃烧材料的安全盖板，已用的电缆走线孔洞应用非燃烧材料封堵。

　　3　机房内严禁存放易燃、易爆等危险物品。

　　4　机房内不同电压的电源设备、电源插座应有明显区别标志。

四十、《宽带光纤接入工程设计规范》YD 5206—2014

1.0.5　工程中采用的电信设备必须取得工业和信息化部"电信设备进网许可证"。

1.0.6　在我国抗震设防烈度7烈度以上（含7烈度）地区公用电信网中使用的主要电信设备必须经电信设备抗双性能检测

合格。

7.7.4 墙壁光缆敷设安装应符合以下要求。

2. 跨越街坊、院内通路等应采用钢绞线吊挂，其缆线最低点距地面必须符合表 7.7.4-1 的规定。

表 7.7.4-1　墙壁光缆跨越街坊、院内通路线缆最低点距地面距离

名称	与线路交越时垂直净距
市区街道	5.5m
胡同（里弄）	5.0m
铁路	7.5m
公路	5.5m
土路	5.0m

注：铁路不包含高铁。

3. 墙壁光缆与其他管线的最小间距必须符合表 7.7.4-2 的规定。

表 7.7.4-2　墙壁光缆与其他管线的最小间距表

管线种类	平行净距（mm）	垂直交叉净距（mm）
电力线	200	100
避雷引下线	1000	300
保护地线	50	20
给水线	150	20
压缩空气管	150	20
热力管（不包封）	500	500
热力管（包封）	300	300
燃气管	300	20
其他通信线路	150	100

9.3.3 抗震烈度为 6 烈度及 6 烈度以上的机房，铁架安装必须采取抗震加固措施。铁架和机架加固方式应符合《电信设备安装抗震设计规范》YD 5059 中的相关要求。

第九篇　消　防

一、《火灾自动报警系统施工及验收规范》GB 50166—2007

1.0.3　火灾自动报警系统在交付使用前必须经过验收。

2.1.5　火灾自动报警系统的施工，应按照批准的工程设计文件和施工技术标准进行。不得随意变更。确需更改设计时，应由原设计单位负责更改。

2.1.8　火灾自动报警系统施工前，应对设备、材料及配件进行现场检查，检查不合格者不得使用。

2.2.1　设备、材料及配件进入施工现场应有清单、使用说明书、质量合格证明文件、国家法定质检机构的检验报告等文件。火灾自动报警系统中的强调认证（认可）产品还应有认证（认可）证书和认证（认可）标识。

2.2.2　火灾自动报警系统的主要设备应是通过国家认证（认可）的产品。产品的名称、型号、规格应与检验报告一致。

3.2.4　火灾自动报警系统应单独布线，系统内不同电压等级、不同电流类别的线路，不应布在同一管内或线槽的同一槽孔内。

5.1.1　火灾自动报警系统竣工后，建设单位应负责组织施工、设计、监理等单位进行验收。验收不合格不得投入使用。

5.1.3　对系统中下列装置的安装位置、施工质量和功能等应进行验收。

　1　火灾报警系统装置（包括各种火灾探测器、手动火灾报警按钮、火灾报警控制器和区域显示器等）；

　2　消防联动控制系统（含消防联动控制器、气体灭火控制器、消防电气控制装置、消防应急设备电源消防应急广播设备、消防电话、传输设备、消防控制中心图形显示装置、模块、消防电动装置、消火栓按钮等设备）；

　3　自动灭火系统控制装置（包括自动喷水、气体、干粉、泡沫等固定灭火系统的控制装置）；

　4　消火栓系统的控制装置；

　5　通风空调、防烟排烟及电动防火阀等控制装置；

6　电动防火门控制装置、防火卷帘控制器；

7　消防电梯和非消防电梯的回降控制装置；

8　火灾警报装置；

9　火灾应急照明和疏散指示控制装置；

10　切断非消防电源的控制装置；

11　电动阀控制装置；

12　消防联网通信；

13　系统内的其他消防控制装置。

5.1.4　按现行国家标准《火灾自动报警系统设计规范》GB 50116 设计的各项系统功能进行验收。

5.1.5　系统中各装置的安装位置、施工质量和功能等的验收数量应满足下列要求。

1　各种消防用电设备主、备电源的自动转换装置，应进行 3 次转换试验，每次试验均为正常。

2　火灾报警控制器（含可燃气体报警控制器）和消防联动控制器应按实际安装数量全部进行功能检验。消防联动控制系统中其他各种用电设备、区域显示器应按下列要求进行功能检验：

　　1）实际安装数量在 5 台以下者，全部检验；

　　2）实际安装数量在 6～10 台者，抽验 5 台；

　　3）实际安装数量超过 10 台者，应按实际安装数量30％～50％的比例抽验，但抽验总数不得少于 5 台；

　　4）各装置的安装位置、型号、数量、类别及安装质量应符合设计要求。

3　火灾探测器（含可燃气体探测器）和手动火灾报警按钮，应按下列要求进行模拟火灾响应（可燃气体报警）和故障信号检验：

　　1）实际安装数量在 100 只以下者，抽验 20 只（每个回路都应抽验）；

　　2）实际安装数量超过 100 只，每个回路按实际安装数量10％～20％的比例抽验，但抽验总数不应少于 20 只；

3）被检查的火灾探测器的类别、型号、适用场所、安装高度、保护半径、保护面积和探测器的间距等均应符合设计要求。

4　室内消火栓的功能验收应在出水压力符合现行国家有关建筑设计防火规范的条件下，抽验下列控制功能：

1）在消防控制室内操作启、停泵1～3次；

2）消火栓处操作启泵按钮，按实际安装数量5%～10%比例抽验。

5　自动喷水灭火系统，应在符合现行国家标准《自动喷水灭火系统设计规范》GB 50084 的条件下，抽验下列控制功能：

1）在消防控制室内操作启、停泵1～3次；

2）水流指示器、信号阀等按实际安装数量的30%～50%的比例抽验；

3）压力开关、电动阀、电磁阀等按安装的实际数量进行检验。

6　气体、泡沫、干粉等灭火系统，应在符合国家现行有关系统设计规范的条件下按实际安装数量的20%～30%的比例进行抽验下列控制功能：

1）自动、手动启动和紧急切断电源试验1～3次；

2）与固定灭火设备联动控制的其他设备动作（包括关闭防火门窗、停止空调风机、关闭防火阀等）试验1～3次。

7　电动防火门、防火卷帘，5樘以下的应全部检验，超过5樘的应按实际数量20%的比例抽验，但抽验总数不应少于5樘，并抽验联动控制功能。

8　防烟排烟风机应全部检验，通风空调和防排烟设备的阀门，应按安装数量10%～20%的比例抽验，并抽验联动功能，且应符合下列要求：

1）报警联动启动、消防控制室直接启停、现场手动启动联动防烟排烟风机1～3次；

2）报警联动停、消防控制室远程停通风空调送风1～3次；

3）报警联动开启、消防控制室开启、现场手动开启防排烟阀门1～3次。

9 消防电梯应进行1～2次手动控制和联动控制功能检验，非消防电梯应进行1～2次联动返回首层功能检验，其控制功能、信号均为正常。

10 火灾应急广播设备，应按实际安装数量的10％～20％的比例进行下列功能检验。

1）对所有广播分区进行选区广播，对共用扬声器进行强行切换；

2）对扩音机和备用扩音机进行全负荷试验；

3）检查应急广播的逻辑工作和联动功能。

11 消防专用电话的检验，应符合下列要求：

1）消防控制室与所设的对讲机电话分机进行1～3次通话试验；

2）电话插孔按实际安装数量10％～20％的比例进行通话试验；

3）消防控制室的外线电话与另一部外线电话模拟报警电话进行1～3次通话试验。

12 消防应急照明和疏散指示系统控制装置应进行1～3次使系统转入应急状态检验，系统中各消防应急照明灯具均应能转入应急状态。

5.1.7 系统工程质量验收判定标准应符合下列要求：

1 系统内的设备及配件规格型号与设计不符、无国家相关证书和检验报告的，系统内的任一控制器和火灾探测器无法发出报警信号，无法实现要求的联动功能的，定为A类不合格。

2 验收前提供资料不符合本规范第5.2.1条要求的，定为B类不合格。

3 除1、2款规定的A、B类不合格外，其余不合格项均为

C类不合格。

4 系统验收合格判定应为：$A=0$，且 $B\leqslant2$，且 $B+C\leqslant$检查项的 5%为合格，否则为不合格。

二、《自动喷水灭火系统施工及验收规范》GB 50261—2017

3.2.7 喷头的现场检验必须符合下列要求：

1 喷头的商标、型号、公称动作温度、响应时间指数（RTI）、制造厂及生产日期等标志应齐全。

2 喷头的型号、规格等应符合设计要求。

3 喷头外观应无加工缺陷和机械损伤。

4 喷头螺纹密封面应无伤痕、毛刺、缺丝或断丝现象。

5 闭式喷头应进行密封性能试验，以无渗漏、无损伤为合格。

试验数量应从每批中抽查 1%，并不得少于 5 只，试验压力应为 3.0MPa，保压时间不得少于 3min。当两只及两只以上不合格时，不得使用该批喷头。当仅有一只不合格时，应再抽查 2%，并不得少于 10 只，并重新进行密封性能试验；当仍有不合格时，亦不得使用该批喷头。

5.2.1 喷头安装必须在系统试压、冲洗合格后进行。

5.2.2 喷头安装时，不应对喷头进行拆装、改动，并严禁给喷头、隐蔽式喷头的装饰盖板附加任何装饰性涂层。

5.2.3 喷头安装应使用专用扳手，严禁利用喷头的框架施拧；喷头的框架、溅水盘产生变形或释放原件损伤时，应采用规格、型号相同的喷头更换。

6.1.1 管网安装完毕后，必须对其进行强度试验、严密性试验和冲洗。

8.0.1 系统竣工后，必须进行工程验收、验收不合格不得投入使用。

三、《气体灭火系统施工及验收规范》GB 50263—2007

3.0.8 气体灭火系统工程施工质量不符合要求时，应按下列规定处理：

　3 经返工或更换系统组件、成套装置的工程，仍不符合要求时，严禁验收。

4.2.1 管材、管道连接件的品种、规格、性能等应符合相应产品标准和设计要求。

4.2.4 对属于下列情况之一的灭火剂、管材及管道连接件，应抽样复验，其复验结果应符合国家现行产品标准和设计要求。

　1 设计有复验要求的。

　2 对质量有疑义的。

4.3.2 灭火剂储存容器及容器阀、单向阀、连接管、集流管、安全泄放装置、选择阀、阀驱动装置、喷嘴、信号反馈装置、检漏装置、减压装置等系统组件应符合下列规定：

　1 品种、规格、性能等应符合国家现行产品标准和设计要求。

　2 设计有复验要求或对质量有疑义时，应抽样复验，复验结果应符合国家现行产品标准和设计要求。

5.2.2 灭火剂储存装置安装后，泄压装置的泄压方向不应朝向操作面。低压二氧化碳灭火系统的安全阀应通过专用的泄压管接到室外。

5.2.7 集流管上的泄压装置的泄压方向不应朝向操作面。

5.4.6 气动驱动装置的管道安装后应做气压严密性试验，并合格。

5.5.4 灭火剂输送管道安装完毕后，应进行强度试验和气压严密性试验，并合格。

6.1.5 调试项目应包括模拟启动试验、模拟喷气试验和模拟切换操作试验，并应按本规范表 B-4 填写施工过程检查记录。

7.1.2 系统工程验收应按本规范表 D-1 进行资料核查；并按本

规范表 D-2 进行工程质量验收，验收项目有 1 项为不合格时判定系统为不合格。

8.0.3 应按检查类别规定对气体灭火系统进行检查，并按本规范表 F 做好检查记录。检查中发现的问题应及时处理。

四、《泡沫灭火系统技术标准》GB 50151—2021（节选）

9.2.4 泡沫液进场后，应由监理工程师组织取样留存。

9.3.19

　　7　管道安装完毕应进行水压试验，并应符合下列规定：

　　　　1）试验应采用清水进行，试验时环境温度不应低于 5℃，当环境温度低于 5℃时，应采取防冻措施；

　　　　2）试验压力应为设计压力的 1.5 倍；

　　　　3）试验前应将泡沫产生装置、泡沫比例混合器（装置）隔离；

　　　　4）试验合格后，应按本标准附录 B 表 B.0.2-4 进行记录。

11.0.4 对检查和试验中发现的问题应及时解决，对损坏或不合格者应立即更换，并应复原系统。

五、《消防通信指挥系统施工及验收规范》GB 50401—2007

4.1.1 系统竣工后必须进行工程验收，验收不合格不得投入使用。

4.7.2 系统工程验收合格判定条件应为：主控项不合格数量为 0 项，否则为不合格。

六、《建筑灭火器配置验收及检查规范》GB 50444—2008

2.2.1 灭火器的进场检查应符合下列要求：

　　1　灭火器应符合市场准入的规定，并应有出厂合格证和相关证书；

　　2　灭火器的铭牌、生产日期和维修日期等标志应齐全；

　　3　灭火器的类型、规格、灭火级别和数量应符合配置设计要求；

4 灭火器筒体应无明显缺陷和机械损伤；

5 灭火器的保险装置应完好；

6 灭火器压力指示器的指针应在绿区范围内；

7 推车式灭火器的行驶机构应完好。

3.1.3 灭火器的安装设置应便于取用，且不得影响安全疏散。

3.1.5 灭火器设置点的环境温度不得超出灭火器的使用温度范围。

3.2.2 灭火器箱不应被遮挡、上锁或捆系。

4.1.1 灭火器安装设置后，必须进行配置验收，验收不合格不得投入使用。

4.2.1 灭火器的类型、规格、灭火级别和配置数量应符合建筑灭火器配置设计要求。

4.2.2 灭火器的产品质量必须符合国家有关产品标准的要求。

4.2.3 在同一灭火器配置单元内，采用不同类型灭火器时，其灭火剂应能相容。

4.2.4 灭火器的保护距离应符合现行国家标准《建筑灭火器配置设计规范》GB 50140 的有关规定，灭火器的设置应保证配置场所的任一点都在灭火器设置点的保护范围内。

5.3.2 灭火器的维修期限应符合表 5.3.2 的规定。

表 5.3.2 灭火器的维修期限

灭火器类型		维修期限
水基型灭火器	手提式水基型灭火器	出厂期满 3 年； 首次维修以后每满 1 年
	推车式水基型灭火器	
干粉灭火器	手提式（贮压式）干粉灭火器	出厂期满 5 年； 首次维修以后每满 2 年
	手提式（储气瓶式）干粉灭火器	
	推车式（贮压式）干粉灭火器	
	推车式（储气瓶式）干粉灭火器	
洁净气体灭火器	手提式洁净气体灭火器	
	推车式洁净气体灭火器	
二氧化碳灭火器	手提式二氧化碳灭火器	
	推车式二氧化碳灭火器	

5.4.1 下列类型的灭火器应报废：

1 酸碱型灭火器；

2 化学泡沫型灭火器；

3 倒置使用型灭火器；

4 氯溴甲烷、四氯化碳灭火器；

5 国家政策明令淘汰的其他类型灭火器。

5.4.2 有下列情况之一的灭火器应报废：

1 筒体严重锈蚀，锈蚀面积大于、等于筒体总面积的 1/3，表面有凹坑；

2 筒体明显变形，机械损伤严重；

3 器头存在裂纹、无泄压机构；

4 筒体为平底等结构不合理；

5 没有间歇喷射机构的手提式；

6 没有生产厂名称和出厂年月，包括铭牌脱落，或虽有铭牌，但已看不清生产厂名称，或出厂年月钢印无法识别；

7 筒体有锡焊、铜焊或补缀等修补痕迹；

8 被火烧过。

5.4.3 灭火器出厂时间达到或超过表 5.4.3 规定的报废期限时应报废。

表 5.4.3　灭火器的报废期限

灭火器类型		报废期限（年）
水基型灭火器	手提式水基型灭火器	6
	推车式水基型灭火器	
干粉灭火器	手提式（贮压式）干粉灭火器	10
	手提式（储气瓶式）干粉灭火器	
	推车式（贮压式）干粉灭火器	
	推车式（储气瓶式）干粉灭火器	
洁净气体灭火器	手提式洁净气体灭火器	
	推车式洁净气体灭火器	
二氧化碳灭火器	手提式二氧化碳灭火器	12
	推车式二氧化碳灭火器	

5.4.4 灭火器报废后，应按照等效替代的原则进行更换。

七、《固定消防炮灭火系统施工与验收规范》GB 50498—2009

3.2.4 对属于下列情况之一的管材及配件，应由监理工程师抽样，并由具备相应资质的检测机构进行检测复验，其复验结果应符合国家现行有关产品标准和设计要求。

  1 设计上有复验要求的。

  2 对质量有疑义的。

3.3.1 泡沫液进场时应由建设单位、监理工程师和供货方现场组织检查，并共同取样留存，留存数量按全项检测需要量。泡沫液质量应符合国家现行有关产品标准。

3.3.3 干粉进场时应由建设单位、监理工程师和供货方现场组织检查，并共同取样留存，留存数量按全项检测需要量。干粉质量应符合国家现行有关产品标准。

3.4.2 水炮、泡沫炮、干粉炮、消防泵组、泡沫液罐、泡沫比例混合装置、干粉罐、氮气瓶组、阀门、动力源、消防炮塔、控制装置等系统组件及压力表、过滤装置和金属软管等系统配件应符合下列规定：

  1 其规格、型号、性能应符合国家现行产品标准和设计要求。

  2 设计上有复验要求或对质量有疑义时，应由监理工程师抽样，并由具有相应资质的检测单位进行检测复检，其复检结果应符合国家现行产品标准和设计要求。

4.3.4 设在室外的泡沫液罐的安装应符合设计要求，并应根据环境条件采取防晒、防冻和防腐等措施。

4.6.1 管道的安装应符合下列规定：

  3 埋地管道安装应符合下列规定：

  1）埋地管道的基础应符合设计要求；

  2）埋地管道安装前应做好防腐，安装时不应损坏防腐层；

  3）埋地管道采用焊接时，焊缝部位应在试压合格后进行防腐处理；

  4）埋地管道在回填前应进行隐蔽工程验收，合格后及时回填，分层夯实，并应按本规范附录 D 进行记录。

4.6.2　阀门的安装应符合下列规定：

  2　具有遥控、自动控制功能的阀门安装，应符合设计要求；当设置在有爆炸和火灾危险的环境时，应符合现行国家标准《爆炸和火灾危险环境电气装置施工及验收规范》GB 50257 等相关标准的规定。

5.2.1　布线前，应对导线的种类、电压等级进行检查；强、弱电回路不应使用同一根电缆，应分别成束分开排列；不同电压等级的线路，不应穿在同一管内或线槽的同一槽孔内。

6.1.1　管道安装完毕后，应对其进行强度试验、严密性试验和冲洗。

7.2.8　固定消防炮灭火系统的喷射功能调试应符合下列规定：

  1　水炮灭火系统：当为手动灭火系统时，应以手动控制的方式对该门水炮保护范围进行喷水试验；当为自动灭火系统时，应以手动和自动控制的方式对该门水炮保护范围分别进行喷水试验。系统自接到启动信号至水炮炮口开始喷水的时间不应大于 5min，其各项性能指标均应达到设计要求。

  2　泡沫炮灭火系统：泡沫炮灭火系统按本条第 1 款的规定喷水试验完毕，将水放空后，应以手动或自动控制的方式对该门泡沫炮保护范围进行喷射泡沫试验。系统自接到启动信号至泡沫炮口开始喷射泡沫的时间不应大于 5min，喷射泡沫的时间应大于 2min，实测泡沫混合液的混合比应符合设计要求。

  3　干粉炮灭火系统：当为手动灭火系统时，应以手动控制的方式对该门干粉炮保护范围进行一次喷射试验；当为自动灭火系统时，应以手动和自动控制的方式对该门干粉炮保护范围各进行一次喷射试验。系统自接到启动信号至干粉炮口开始喷射干粉的时间不应大于 2min，干粉喷射时间应大于 60s，其各项性能指标均应达到设计要求。

4 水幕保护系统：当为手动水幕保护系统时，应以手动控制的方式对该道水幕进行一次喷水试验；当为自动水幕保护系统时应以手动和自动控制的方式分别进行喷水试验。其各项性能指标均应达到设计要求。

8.1.3 系统施工质量验收合格但功能验收不合格应判定为系统不合格，不得通过验收。

8.2.4 系统功能验收判定条件。系统启动功能与喷射功能验收全部检查内容验收合格，方可判定为系统功能验收合格。

八、《防火卷帘、防火门、防火窗施工及验收规范》GB 50877—2014

3.0.7 系统竣工后，必须进行工程验收，验收不合格不得投入使用。

4.1.1 防火卷帘，防火门，防火窗主、配件进场应进行检验。检验应由施工单位负责，并应由监理单位监督。需要抽样复验时，应由监理工程师抽样，并应送市场准入制度规定的法定检验机构进行复检检验，不合格者不应安装。

4.2.1 防火卷帘及与其配套的感烟和感温火灾探测器等应具有出厂合格证和符合市场准入制度规定的有效证明文件，其型号、规格及耐火性能等应符合设计要求。

4.3.1 防火门应具有出厂合格证和符合市场准入制度规定的有效证明文件，其型号、规格及耐火性能应符合设计要求。

4.4.1 防火窗应具有出厂合格证和符合市场准入制度规定的有效证明文件，其型号、规格及耐火性能应符合设计要求。

5.1.2 防火卷帘、防火门、防火窗的安装过程应进行质量控制。每道工序结束后应进行质量检查，检查应由施工单位负责，并应由监理单位监督。隐蔽工程在隐蔽前应由施工单位通知有关单位进行验收。

5.2.9 防火卷帘、防护罩等与楼板、梁和墙、柱之间的空隙，应采用防火封堵材料等封堵，封堵部位的耐火极限不应低于防火卷帘的耐火极限。

7.1.1　防火卷帘、防火门、防火窗调试完毕后，应在施工单位自行检查评定合格的基础上进行工程质量验收。验收应由施工单位提出申请，并应由建设单位组织监理、设计、施工等单位共同实施。

九、《细水雾灭火系统技术规范》GB 50898—2013

3.3.10　系统管道应采用冷拔法制造的奥氏体不锈钢钢管，或其他耐腐蚀和耐压性能相当的金属管道。管道的材质和性能应符合现行国家标准《流体输送用不锈钢无缝钢管》GB/T 14976 和《流体输送用不锈钢焊接钢管》GB/T 12771 的有关规定。

系统最大工作压力不小于 3.50MPa 时，应采用符合现行国家标准《不锈钢和耐热钢　牌号及化学成分》GB/T 20878 中规定牌号为 022Cr17Ni12Mo2 的奥氏体不锈钢无缝钢管，或其他耐腐蚀和耐压性能不低于牌号为 022Cr17Ni12Mo2 的金属管道。

3.3.13　设置在有爆炸危险环境中的系统，其管网和组件应采取静电导除措施。

3.4.9　系统的设计持续喷雾时间应符合下列规定：

　1　用于保护电子信息系统机房、配电室等电子、电气设备间，图书库、资料库、档案库，文物库，电缆隧道和电缆夹层等场所时，系统的设计持续喷雾时间不应小于 30min；

　2　用于保护油浸变压器室、涡轮机房、柴油发电机房、液压站、润滑油站、燃油锅炉房等含有可燃液体的机械设备间时，系统的设计持续喷雾时间不应小于 20min；

　3　用于扑救厨房内烹饪设备及其排烟罩和排烟管道部位的火灾时，系统的设计持续喷雾时间不应小于 15s，设计冷却时间不应小于 15min；

3.5.1　系统的水质除应符合制造商的技术要求外，尚应符合下列要求：

　　1　泵组系统的水质不应低于现行国家标准《生活饮用水卫生标准》GB 5749 的有关规定；

　　2　瓶组系统的水质不应低于现行国家标准《瓶（桶）装饮用纯净水卫生标准》GB 17324 的有关规定；

　　3　系统补水水源的水质应与系统的水质要求一致。

3.5.10　过滤器应符合下列规定：

　　1　过滤器的材质应为不锈钢、铜合金，或其他耐腐蚀性能不低于不锈钢、铜合金的材料；

　　2　过滤器的网孔孔径不应大于喷头最小喷孔孔径的80％。

十、《水喷雾灭火系统技术规范》GB 50219—2014

3.1.2　系统的供给强度和持续供给时间不应小于表 3.1.2 的规定，响应时间不应大于表 3.1.2 的规定。

表 3.1.2　系统的供给强度、持续供给时间和响应时间

防护目的	保护对象		供给强度〔L/(min·m²)〕	持续供给时间（h）	响应时间（s）
灭火	固体物质火灾		15	1	60
	输送机皮带		10	1	60
	液体火灾	闪点 60℃～120℃的液体	20	0.5	60
		闪点高于 120℃的液体	13		
		饮料酒	20		
	电气火灾	油浸式电力变压器、油断路器	20	0.4	60
		油浸式电力变压器的集油坑	6		
		电缆	13		

续表 3.1.2

防护目的	保护对象			供给强度 [L/(min·m²)]	持续供给时间 (h)	响应时间 (s)
防护冷却	甲B、乙、丙类液体储罐	固定顶罐		2.5	直径大于20m的固定顶罐为6h，其他为4h	300
		浮顶罐		2.0		
		相邻罐		2.0		
	液化烃或类似液体储罐	全压力、半冷冻式储罐		9	6	120
		单、双容罐	罐壁	2.5		
			罐顶	4		
		全容罐	罐顶泵平台、管道进出口等局部危险部位	20		
			管带	10		
		液氨储罐		6		
	甲、乙类液体及可燃气体生产、输送、装卸设施			9	6	120
	液化石油气灌瓶间、瓶库			9	6	60

注：1　添加水系灭火剂的系统，其供给强度应由试验确定。
　　2　钢制单盘式、双盘式、敞口隔舱式内浮顶罐应按浮顶罐对待，其他内浮顶罐应按固定顶罐对待。

3.1.3　水雾喷头的工作压力，当用于灭火时不应小于 0.35MPa；当用于防护冷却时不应小于 0.2MPa，但对于甲B、乙、丙类液体储罐不应小于 0.15MPa。

3.2.3　水雾喷头与保护对象之间的距离不得大于水雾喷头的有效射程。

4.0.2　水雾喷头的选型应符合下列要求：

　　1　扑救电气火灾，应选用离心雾化型水雾喷头；

8.4.11　联动试验应符合下列规定：

1 采用模拟火灾信号启动系统，相应的分区雨淋报警阀（或电动控制阀、气动控制阀）、压力开关和消防水泵及其他联动设备均应能及时动作并发出相应的信号。

检查数量：全数检查。

检查方法：直观检查。

2 采用传动管启动的系统，启动1只喷头，相应的分区雨淋报警阀、压力开关和消防水泵及其他联动设备均应能及时动作并发出相应的信号。

检查数量：全数检查。

检查方法：直观检查。

3 系统的响应时间、工作压力和流量应符合设计要求。

检查数量：全数检查。

检查方法：当为手动控制时，以手动方式进行1次～2次试验；当为自动控制时，以自动和手动方式各进行1次～2次试验，并用压力表、流量计、秒表计量。

9.0.1 系统竣工后，必须进行工程验收，验收不合格不得投入使用。

十一、《消防应急照明和疏散指示系统技术标准》GB 51309—2018

3.2.4 系统应急启动后，在蓄电池电源供电时的持续工作时间应满足下列要求：

1 建筑高度大于100m的民用建筑，不应小于1.5h。

2 医疗建筑、老年人照料设施、总建筑面积大于100000m² 的公共建筑和总建筑面积大于20000m²的地下、半地下建筑，不应少于1.0h。

3 其他建筑，不应少于0.5h。

4 城市交通隧道应符合下列规定：

　　1）一、二类隧道不应小于1.5h，隧道端口外接的站房不应小于2.0h；

　　2）三、四类隧道不应小于 1.0h，隧道端口外接的站房不
　　　应小于 1.5h。

　　5　本条第 1 款～第 4 款规定的场所中，当按照本标准第
3.6.6 条的规定设计时，持续工作时间应分别增加设计文件规定
的灯具持续应急点亮时间。

　　6　集中电源的蓄电池组和灯具自带蓄电池达到使用寿命周
期后标称的剩余容量应保证放电时间满足本条第 1 款～第 5 款规
定的持续工作时间。

3.3.1　系统配电应根据系统的类型、灯具的设置部位、灯具的
供电方式进行设计。灯具的电源应由主电源和蓄电池电源组成，
且蓄电池电源的供电方式分为集中电源供电方式和灯具自带蓄电
池供电方式。灯具的供电与电源转换应符合下列规定：

　　1　当灯具采用集中电源供电时，灯具的主电源和蓄电池电
源应由集中电源提供，灯具主电源和蓄电池电源在集中电源内部
实现输出转换后应由同一配电回路为灯具供电；

　　2　当灯具采用自带蓄电池供电时，灯具的主电源应通过应
急照明配电箱一级分配电后为灯具供电，应急照明配电箱的主电
源输出断开后，灯具应自动转入自带蓄电池供电。

3.3.2　应急照明配电箱或集中电源的输入及输出回路中不应装
设剩余电流动作保护器，输出回路严禁接入系统以外的开关装
置、插座及其他负载。

4.1.4　系统的施工，应按照批准的工程设计文件和施工技术标
准进行。

4.5.11　方向标志灯的安装应符合下列规定：

　　6　当安装在疏散走道、通道的地面上时，应符合下列规定：

　　　1）标志灯应按装在疏散走道、通道的中心位置；

　　　2）标志灯的所有金属构件应采用耐腐蚀构件或做防腐处
　　　　理，标志灯配电、通信线路的连接应采用密封胶
　　　　密封；

　　　3）标志灯表面应与地面平行，高于地面距离不应大于

3mm，标志灯边缘与地面垂直距离高度不应大于 1mm。

6.0.1 系统竣工后，建设单位应负责组织施工、设计、监理等单位进行系统验收，验收不合格不得投入使用。

6.0.5 系统检测、验收结果判定准则应符合下列规定：

1 A 类项目不合格数量应为 0，B 类项目不合格数量应小于或等于 2，B 类项目不合格数量加上 C 类项目不合格数量应小于或等于检查项目数量的 5% 的，系统检测、验收结果应为合格；

2 不符合合格判定准则的，系统检测、验收结果应为不合格。

十二、《消防给水及消火栓系统技术规范》GB 50974—2014

4.1.5 严寒、寒冷等冬季结冰地区的消防水池、水塔和高位消防水池等应采取防冻措施。

4.1.6 雨水清水池、中水清水池、水景和游泳池必须作为消防水源时，应有保证在任何情况下均能满足消防给水系统所需的水量和水质的技术措施。

4.3.4 当消防水池采用两路消防供水且在火灾情况下连续补水能满足消防要求时，消防水池的有效容积应根据计算确定，但不应小于 $100m^3$，当仅设有消火栓系统时不应小于 $50m^3$。

4.3.8 消防用水与其他用水共用的水池，应采取确保消防用水量不作他用的技术措施。

4.3.9 消防水池的出水、排水和水位应符合下列规定：

1 消防水池的出水管应保证消防水池的有效容积能被全部利用；

2 消防水池应设置就地水位显示装置，并应在消防控制中心或值班室等地点设置显示消防水池水位的装置，同时应有最高和最低报警水位；

3 消防水池应设置溢流水管和排水设施，并应采用间接排水。

4.3.11　高位消防水池的最低有效水位应能满足其所服务的水灭火设施所需的工作压力和流量,且其有效容积应满足火灾延续时间内所需消防用水量,并应符合下列规定:

　　1　高位消防水池的有效容积、出水、排水和水位,应符合本规范第4.3.8条和第4.3.9的规定;

4.4.4　当室外消防水源采用天然水源时,应采取防止冰凌、漂浮物、悬浮物等物质堵塞消防水泵的技术措施,并应采取确保安全取水的措施。

4.4.5　当天然水源等作为消防水源时,应符合下列规定:

　　1　当地表水作为室外消防水源时,应采取确保消防车、固定和移动消防水泵在枯水位取水的技术措施;当消防车取水时,最大吸水高度不应超过6.0m;

　　2　当井水作为消防水源时,还应设置探测水井水位的水位测试装置。

4.4.7　设有消防车取水口的天然水源,应设置消防车到达取水口的消防车道和消防车回车场或回车道。

5.1.6　消防水泵的选择和应用应符合下列规定:

　　1　消防水泵的性能应满足消防给水系统所需流量和压力的要求;

　　2　消防水泵所配驱动器的功率应满足所选水泵流量扬程性能曲线上任何一点运行所需功率的要求;

　　3　当采用电动机驱动的消防水泵时,应选择电动机干式安装的消防水泵;

5.1.8　当采用柴油机消防水泵时应符合下列规定:

　　1　柴油机消防水泵应采用压缩式点火型柴油机;

　　2　柴油机的额定功率应校核海拔高度和环境温度对柴油机功率的影响;

　　3　柴油机消防水泵应具备连续工作的性能,试验运行时间不应小于24h;

4 柴油机消防水泵的蓄电池应保证消防水泵随时自动启泵的要求;

5.1.9 轴流深井泵宜安装于水井、消防水池和其他消防水源上,并应符合下列规定:

1 轴流深井泵安装于水井时,其淹没深度应满足其可靠运行的要求,在水泵出流量为150%设计流量时,其最低淹没深度应是第一个水泵叶轮底部水位线以上不少于3.20m,且海拔高度每增加300m,深井泵的最低淹没深度应至少增加0.30m;

2 轴流深井泵安装在消防水池等消防水源上时,其第一个水泵叶轮底部应低于消防水池的最低有效水位线,且淹没深度应根据水力条件经计算确定,并应满足消防水池等消防水源有效储水量或有效水位能全部被利用的要求;当水泵设计流量大于125L/s时,应根据水泵性能确定淹没深度,并应满足水泵气蚀余量的要求;

3 轴流深井泵的出水管与消防给水管网连接应符合本规范第5.1.13条第3款的规定;

5.1.12 消防水泵吸水应符合下列规定:

1 消防水泵应采取自灌式吸水;

2 消防水泵从市政管网直接抽水时,应在消防水泵出水管上设置有空气隔断的倒流防止器;

5.1.13 离心式消防水泵吸水管、出水管和阀门等,应符合下列规定:

1 一组消防水泵,吸水管不应少于两条,当其中一条损坏或检修时,其余吸水管应仍能通过全部消防给水设计流量;

2 消防水泵吸水管布置应避免形成气囊;

3 一组消防水泵应设不少于两条的输水干管与消防给水环状管网连接,当其中一条输水管检修时,其余输水管应仍能供应全部消防给水设计流量;

4 消防水泵吸水口的淹没深度应满足消防水泵在最低水位运行安全的要求,吸水管喇叭口在消防水池最低有效水位下的淹没深度应根据吸水管喇叭口的水流速度和水力条件确定，但不应小于 600mm，当采用旋流防止器时，淹没深度不应小于 200mm；

5.2.4　高位消防水箱的设置应符合下列规定：

　　1　当高位消防水箱在屋顶露天设置时，水箱的入孔以及进出水管的阀门等应采取锁具或阀门箱等保护措施；

5.2.5　高位消防水箱间应通风良好，不应结冰，当必须设置在严寒、寒冷等冬季结冰地区的非采暖房间时，应采取防冻措施，环境温度或水温不应低于 5℃。

5.2.6　高位消防水箱应符合下列规定：

　　1　高位消防水箱的有效容积、出水、排水和水位等，应符合本规范第 4.3.8 条和第 4.3.9 条的规定；

　　2　高位消防水箱的最低有效水位应根据出水管喇叭口和防止旋流器的淹没深度确定，当采用出水管喇叭口时，应符合本规范第 5.1.13 条第 4 款的规定；当采用防止旋流器时应根据产品确定，且不应小于 150mm 的保护高度；

5.3.2　稳压泵的设计流量应符合下列规定：

　　1　稳压泵的设计流量不应小于消防给水系统管网的正常泄漏量和系统自动启动流量；

5.3.3　稳压泵的设计压力应符合下列要求：

　　1　稳压泵的设计压力应满足系统自动启动和管网充满水的要求；

5.4.1　下列场所的室内消火栓给水系统应设置消防水泵接合器：

　　1　高层民用建筑；

　　2　设有消防给水的住宅、超过五层的其他多层民用建筑；

　　3　超过 2 层或建筑面积大于 10000m² 的地下或半地下建筑（室）、室内消火栓设计流量大于 10L/s 平战结合的人防工程；

　　4　高层工业建筑和超过四层的多层工业建筑；

　　5　城市交通隧道。

5.4.2　自动喷水灭火系统、水喷雾灭火系统、泡沫灭火系统和固定消防炮灭火系统等水灭火系统，均应设置消防水泵接合器。

5.5.9 消防水泵房的设计应根据具体情况设计相应的采暖、通风和排水设施，并应符合下列规定：

1 严寒、寒冷等冬季结冰地区采暖温度不应低于10℃，但当无人值守时不应低于5℃；

5.5.12 消防水泵房应符合下列规定：

1 独立建造的消防水泵房耐火等级不应低于二级；

2 附设在建筑物内的消防水泵房，不应设置在地下三层及以下，或室内地面与室外出入口地坪高差大于10m的地下楼层；

3 附设在建筑物内的消防水泵房，应采用耐火极限不低于2.0h的隔墙和1.50h的楼板与其他部位隔开，其疏散门应直通安全出口，且开向疏散走道的门应采用甲级防火门。

6.1.9 室内采用临时高压消防给水系统时，高位消防水箱的设置应符合下列规定：

1 高层民用建筑、总建筑面积大于10000m²且层数超过2层的公共建筑和其他重要建筑，必须设置高位消防水箱；

6.2.5 采用减压水箱减压分区供水时应符合下列规定：

1 减压水箱的有效容积、出水、排水、水位和设置场所，应符合本规范第4.3.8条、第4.3.9条、第5.2.5条和第5.2.6条第2款的规定；

7.1.2 室内环境温度不低于4℃，且不高于70℃的场所，应采用湿式室内消火栓系统。

7.2.8 当市政给水管网设有市政消火栓时，其平时运行工作压力不应小于0.14MPa，火灾时水力最不利市政消火栓的出流量不应小于15L/s，且供水压力从地面算起不应小于0.10MPa。

7.3.10 室外消防给水引入管当设有倒流防止器，且火灾时因其水头损失导致室外消火栓不能满足本规范第7.2.8条的要求时，应在该倒流防止器前设置一个室外消火栓。

7.4.3 设置室内消火栓的建筑，包括设备层在内的各层均应设置消火栓。

8.3.5 室内消防给水系统由生活、生产给水系统管网直接供水时，应在引入管处设置倒流防止器。当消防给水系统采用有空气隔断的倒流防止器时，该倒流防止器应设置在清洁卫生的场所，其排水口应采取防止被水淹没的技术措施。

9.2.3 消防电梯的井底排水设施应符合下列规定：

   1 排水泵集水井的有效容量不应小于 $2.00m^3$；

   2 排水泵的排水量不应小于 10L/s。

9.3.1 消防给水系统试验装置处应设置专用排水设施，排水管径应符合下列规定：

   1 自动喷水灭火系统等自动水灭火系统末端试水装置处的排水立管管径，应根据末端试水装置的泄流量确定，并不宜小于 $DN75$；

   2 报警阀处的排水立管宜为 $DN100$；

   3 减压阀处的压力试验排水管道直径应根据减压阀流量确定，但不应小于 $DN100$。

11.0.1 消防水泵控制柜应设置在消防水泵房或专用消防水泵控制室内，并应符合下列要求：

   1 消防水泵控制柜在平时应使消防水泵处于自动启泵状态；

11.0.2 消防水泵不应设置自动停泵的控制功能，停泵应由具有管理权限的工作人员根据火灾扑救情况确定。

11.0.5 消防水泵应能手动启停和自动启动。

11.0.7 消防控制室或值班室，应具有下列控制和显示功能：

   1 消防控制柜或控制盘应设置专用线路连接的手动直接启泵按钮；

11.0.9 消防水泵控制柜设置在专用消防水泵控制室时，其防护等级不应低于 IP30；与消防水泵设置在同一空间时，其防护等级不应低于 IP55。

11.0.12 消防水泵控制柜应设置机械应急启泵功能，并应保证在控制柜内的控制线路发生故障时由有管理权限的人员在紧急时启动消防水泵。机械应急启动时，应确保消防水泵在报警后5.0min内正常工作。

12.1.1 消防给水及消火栓系统的施工必须由具有相应等级资质的施工队伍承担。

12.4.1 消防给水及消火栓系统试压和冲洗应符合下列要求：

　　1 管网安装完毕后，应对其进行强度试验、冲洗和严密性试验；

13.2.1 系统竣工后，必须进行工程验收，验收应由建设单位组织质检、设计、施工、监理参加，验收不合格不应投入使用。

十三、《灾区过渡安置点防火标准》GB 51324—2019

3.0.2 灾区应急避难场所与次生灾害源的距离应符合国家现行有关危险化学品重大危险源和防火标准的规定。

　　灾区应急避难场所与易燃建筑区、可燃堆场等一般次生火灾危险源之间应设置宽度不小于30m的防火隔离带；与甲、乙类火灾危险性厂房、仓库、储气站以及可燃液体、可燃气体储罐（区）等重大次生火灾或爆炸危险源的距离不应小于1000m。

4.1.2 临时聚居点的选定应符合下列要求：

　　1 应避开地震活动断层和可能发生洪涝、山体滑坡和崩塌、泥石流、地面塌陷等次生灾害区域以及生产、储存易燃易爆危险品的工厂、仓库；

　　2 应避开水库和堰塞湖泄洪区、濒险水库下游地段；

　　3 应避开现状危房、高大建筑物、重大污染源、高压输电走廊、高压燃气管道、可燃材料堆场及其影响范围；

　　4 应远离大树、铁塔和高压电杆等易受雷击的物体。

5.1.3 Ⅰ类灾区应急避难场所和过渡安置房数量在1000间（套）及以上的临时聚居点应设置消防执勤室。Ⅱ类灾区应急避难场所和过渡安置房数量在50至999间（套）之间的临时聚居点，应设置消防执勤点。

5.2.4　市政供水水量或水压不能满足消防用水要求的临时聚居点，应设置消防水池，并应配备 2 台以上手抬机动消防泵和相应的水带、水枪。

5.2.5　无市政供水管网或设置消防给水管网确有困难的过渡安置点，应利用天然水源作为消防水源或设置消防水池，并应配备 2 台以上手抬机动消防泵和相应的水带、水枪。

5.2.9　严寒、寒冷及其他有冰冻可能的灾区过渡安置点，消防给水系统应采取防冻措施。

5.3.1　过渡安置房数量在 1000 间（套）及以上的临时聚居点应设置消防站。消防站用房防火性能不应低于本标准有关过渡安置房的要求。

5.3.6　消防站的消防车配备标准不应低于表 5.3.6 的规定。

表 5.3.6　消防车配备标准

临时聚居点规模	消防车（辆）
过渡安置房≥10000 间（套）	2
其他	1

注：消防车含随车器材及相关抢险救援装备。

5.3.7　消防站的装备器材配备标准不应低于表 5.3.7 的规定。仅设消防执勤点的临时聚居点，应配备手抬机动消防泵、手动破拆工具、水枪、水带和消防员基本防护装备。

表 5.3.7　装备器材配备标准

装备器材	单位	过渡安置房≥10000 间（套）	1000 间（套）≤过渡安置房<10000 间（套）	其他
手抬机动消防泵	台	2	1	1
背负式细水雾灭火装置	台	2	2	1

续表 5.3.7

装备器材	单位	过渡安置房≥10000间（套）	1000 间（套）≤过渡安置房<10000 间（套）	其他
金属切割器	台	2	2	1
消防斧	柄/人	1	1	1
消防员基本防护装备	项	18	18	18
备用水带	m	1000	600	600
移动照明灯组	组	1	1	1
便携式强光照明灯	只/人	1	1	1
车载台	部/车	1	1	1
手持对讲机	部/车	4	2	2
手持扩音器	只	2	1	1
MF/ABC5 灭火器	具	10	6	6

注：1 18项消防员基本防护装备同《城市消防站建设标准》（建标 152）附录二
附表 2-1 中的二级普通消防站配备标准。
2 通讯设施应与消防站无线联网。

十四、《建筑钢结构防火技术规范》GB 51249—2017

3.1.1 钢结构构件的设计耐火极限应根据建筑的耐火等级，按现行国家标准《建筑设计防火规范》GB 50016 的规定确定。柱间支撑的设计耐火极限应与柱相同，楼盖支撑的设计耐火极限应与梁相同，屋盖支撑和系杆的设计耐火极限与屋顶承重构件相同。

3.1.2 钢结构构件的耐火极限经验算低于设计耐火极限时，应采取防火保护措施。

3.1.3 钢结构节点的防火保护应与被连接构件中防火保护要求

最高者相同。

3.2.1　钢结构应按结构耐火承载力极限状态进行耐火验算与防火设计。

十五、《火灾自动报警系统设计规范》GB 50116—2013

3.1.6　系统总线上应设置总线短路隔离器，每只总线短路隔离器保护的火灾探测器、手动火灾报警按钮和模块等消防设备的总数不应超过32点；总线穿越防火分区时，应在穿越处设置总线短路隔离器。

3.1.7　高度超过100m的建筑中，除消防控制室内设置的控制器外，每台控制器直接控制的火灾探测器、手动报警按钮和模块等设备不应跨越避难层。

3.4.1　具有消防联动功能的火灾自动报警系统的保护对象中应设置消防控制室。

3.4.4　消防控制室应有相应的竣工图纸、各分系统控制逻辑关系说明、设备使用说明书、系统操作规程、应急预案、值班制度、维护保养制度及值班记录等文件资料。

3.4.6　消防控制室内严禁穿过与消防设施无关的电气线路及管路。

4.1.1　消防联动控制器应能按设定的控制逻辑向各相关的受控设备发出联动控制信号，并接受相关设备的联动反馈信号。

4.1.3　各受控设备接口的特性参数应与消防联动控制器发出的联动控制信号相匹配。

4.1.4　消防水泵、防烟和排烟风机的控制设备，除应采用联动控制方式外，还应在消防控制室设置手动直接控制装置。

4.1.6　需要火灾自动报警系统联动控制的消防设备，其联动触发信号应采用两个独立的报警触发装置报警信号的"与"逻辑组合。

4.8.1　火灾自动报警系统应设置火灾声光警报器，并应在确认火灾后启动建筑内的所有火灾声光警报器。

4.8.4 火灾声警报器设置带有语音提示功能时，应同时设置语音同步器。

4.8.5 同一建筑内设置多个火灾声警报器时，火灾自动报警系统应能同时启动和停止所有火灾声警报器工作。

4.8.7 集中报警系统和控制中心报警系统应设置消防应急广播。

4.8.12 消防应急广播与普通广播或背景音乐广播合用时，应具有强制切入消防应急广播的功能。

6.5.2 每个报警区域内应均匀设置火灾警报器，其声压级不应小 60dB；在环境噪声大于 60dB 的场所，其声压级应高于背景噪声 15dB。

6.7.1 消防专用电话网络应为独立的消防通信系统。

6.7.5 消防控制室、消防值班室或企业消防站等处，应设置可直接报警的外线电话。

6.8.2 模块严禁设置在配电（控制）柜（箱）内。

6.8.3 本报警区域内的模块不应控制其他报警区域的设备。

10.1.1 火灾自动报警系统应设置交流电源和蓄电池备用电源。

11.2.2 火灾自动报警系统的供电线路、消防联动控制线路应采用耐火铜芯电线电缆，报警总线、消防应急广播和消防专用电话等传输线路应采用阻燃或阻燃耐火电线电缆。

11.2.5 不同电压等级的线缆不应穿入同一根保护管内，当合用同一线槽时，线槽内应有隔板分隔。

12.1.11 隧道内设置的消防设备的防护等级不应低于 IP65。

12.2.3 采用光栅光纤感温火灾探测器保护外浮顶油罐时，两个相邻光栅间距离不应大于 3m。

第十篇　造　价

一、《建设工程工程量清单计价规范》GB 50500—2013

3.1.1 使用国有资金投资的建设工程发承包，必须采用工程量清单计价。

3.1.4 工程量清单应采用综合单价计价。

3.1.5 措施项目中的安全文明施工费必须按国家或省级、行业建设主管部门的规定计算，不得作为竞争性费用。

3.1.6 规费和税金必须按国家或省级、行业建设主管部门的规定计算，不得作为竞争性费用。

3.4.1 建设工程发承包，必须在招标文件、合同中明确计价中的风险内容及其范围，不得采用无限风险、所有风险或类似语句规定计价中的风险内容及范围。

4.1.2 招标工程量清单必须作为招标文件的组成部分，其准确性和完整性应由招标人负责。

4.2.1 分部分项工程项目清单必须载明项目编码、项目名称、项目特征、计量单位和工程量。

4.2.2 分部分项工程项目清单必须根据相关工程现行国家计量规范规定的项目编码、项目名称、项目特征、计量单位和工程量计算规则进行编制。

4.3.1 措施项目清单必须根据相关工程现行国家计量规范的规定编制。

5.1.1 国有资金投资的建设工程招标，招标人必须编制招标控制价。

6.1.3 投标报价不得低于工程成本。

6.1.4 投标人必须按招标工程量清单填报价格。项目编码、项目名称、项目特征、计量单位、工程量必须与招标工程量清单一致。

8.1.1 工程量必须按照相关工程现行国家计量规范规定的工程量计算规则计算。

8.2.1 工程量必须以承包人完成合同工程应予计量的工程量

确定。

11.1.1 工程完工后，发承包双方必须在合同约定时间内办理工程竣工结算。

二、《房屋建筑与装饰工程工程量计算规范》GB 50854—2013

1.0.3 房屋建筑与装饰工程计价，必须按本规范规定的工程量计算规则进行工程计量。

4.2.1 工程量清单应根据附录规定的项目编码、项目名称、项目特征、计量单位和工程量计算规则进行编制。

4.2.2 工程量清单的项目编码，应采用十二位阿拉伯数字表示，一至九位应按附录的规定设置，十至十二位应根据拟建工程的工程量清单项目名称和项目特征设置，同一招标工程的项目编码不得有重码。

4.2.3 工程量清单的项目名称应按附录的项目名称结合拟建工程的实际确定。

4.2.4 工程量清单项目特征应按附录中规定的项目特征，结合拟建工程项目的实际予以描述。

4.2.5 工程量清单中所列工程量应按附录中规定的工程量计算规则计算。

4.2.6 工程量清单的计量单位应按附录中规定的计量单位确定。

4.3.1 措施项目中列出了项目编码、项目名称、项目特征、计量单位、工程量计算规则的项目，编制工程量清单时，应按照本规范4.2分部分项工程的规定执行。

三、《仿古建筑工程工程量计算规范》GB 50855—2013

1.0.3 仿古建筑工程计价，必须按本规范规定的工程量计算规则进行工程计量。

4.2.1 工程量清单应根据附录规定的项目编码、项目名称、项目特征、计量单位和工程量计算规则进行编制。

4.2.2 工程量清单的项目编码，应采用十二位阿拉伯数字表示，一至九位应按附录的规定设置，十至十二位应根据拟建工程的工程量清单项目名称和项目特征设置，同一招标工程的项目编码不得有重码。

4.2.3　工程量清单的项目名称应按附录的项目名称结合拟建工程的实际确定。

4.2.4　工程量清单项目特征应按附录中规定的项目特征，结合拟建工程项目的实际予以描述。

4.2.5　工程量清单中所列工程量应按附录中规定的工程量计算规则计算。

4.2.6　工程量清单的计量单位应按附录中规定的计量单位确定。

4.3.1　措施项目中列出了项目编码、项目名称、项目特征、计量单位、工程量计算规则的项目，编制工程量清单时，应按照本规范 4.2 分部分项工程的规定执行。

四、《通用安装工程工程量计算规范》GB 50856—2013

1.0.3　通用安装工程计价，必须按本规范规定的工程量计算规则进行工程计量。

4.2.1　工程量清单应根据附录规定的项目编码、项目名称、项目特征、计量单位和工程量计算规则进行编制。

4.2.2　工程量清单的项目编码，应采用十二位阿拉伯数字表示，一至九位应按附录的规定设置，十至十二位应根据拟建工程的工程量清单项目名称和项目特征设置，同一招标工程的项目编码不得有重码。

4.2.3　工程量清单的项目名称应按附录的项目名称结合拟建工程的实际确定。

4.2.4　工程量清单项目特征应按附录中规定的项目特征，结合拟建工程项目的实际予以描述。

4.2.5　分部分项工程量清单中所列工程量应按附录中规定的工程量计算规则计算。

4.2.6　分部分项工程量清单的计量单位应按附录中规定的计量

单位确定。

4.3.1 措施项目中列出了项目编码、项目名称、项目特征、计量单位、工程量计算规则的项目，编制工程量清单时，应按照本规范4.2分部分项工程的规定执行。

五、《市政工程工程量计算规范》GB 50857—2013

1.0.3 市政工程计价，必须按本规范规定的工程量计算规则进行工程计量。

4.2.1 工程量清单应根据附录规定的项目编码、项目名称、项目特征、计量单位和工程量计算规则进行编制。

4.2.2 工程量清单的项目编码，应采用十二位阿拉伯数字表示，一至九位应按附录的规定设置，十至十二位应根据拟建工程的工程量清单项目名称和项目特征设置，同一招标工程的项目编码不得有重码。

4.2.3 工程量清单的项目名称应按附录的项目名称结合拟建工程的实际确定。

4.2.4 工程量清单项目特征应按附录中规定的项目特征，结合拟建工程项目的实际予以描述。

4.2.5 工程量清单中所列工程量应按附录中规定的工程量计算规则计算。

4.2.6 工程量清单的计量单位应按附录中规定的计量单位确定。

4.3.1 措施项目中列出了项目编码、项目名称、项目特征、计量单位、工程量计算规则的项目，编制工程量清单时，应按照本规范4.2分部分项工程的规定执行。

六、《园林绿化工程工程量计算规范》GB 50858—2013

1.0.3 园林绿化工程计价，必须按本规范规定的工程量计算规则进行工程计量。

4.2.1 工程量清单应根据附录规定的项目编码、项目名称、项目特征、计量单位和工程量计算规则进行编制。

4.2.2 工程量清单的项目编码，应采用十二位阿拉伯数字表示，一至九位应按附录的规定设置，十至十二位应根据拟建工程的工程量清单项目名称和项目特征设置，同一招标工程的项目编码不得有重码。

4.2.3 工程量清单的项目名称应按附录的项目名称结合拟建工程的实际确定。

4.2.4 工程量清单项目特征应按附录中规定的项目特征，结合拟建工程项目的实际予以描述。

4.2.5 工程量清单中所列工程量应按附录中规定的工程量计算规则计算。

4.2.6 工程量清单的计量单位应按附录中规定的计量单位确定。

4.3.1 措施项目中列出了项目编码、项目名称、项目特征、计量单位、工程量计算规则的项目，编制工程量清单时，应按照本规范 4.2 分部分项工程的规定执行。

七、《构筑物工程工程量计算规范》GB 50860—2013

1.0.3 构筑物工程计价，必须按本规范规定的工程量计算规则进行工程计量。

4.2.1 工程量清单应根据附录规定的项目编码、项目名称、项目特征、计量单位和工程量计算规则进行编制。

4.2.2 工程量清单的项目编码，应采用十二位阿拉伯数字表示，一至九位应按附录的规定设置，十至十二位应根据拟建工程的工程量清单项目名称和项目特征设置，同一招标工程的项目编码不得有重码。

4.2.3 工程量清单的项目名称应按附录的项目名称结合拟建工程的实际确定。

4.2.4 工程量清单项目特征应按附录中规定的项目特征，结合拟建工程项目的实际予以描述。

4.2.5 工程量清单中所列工程量应按附录中规定的工程量计算规则计算。

4.2.6 工程量清单的计量单位应按附录中规定的计量单位确定。

4.3.1 措施项目中列出了项目编码、项目名称、项目特征、计量单位、工程量计算规则的项目，编制工程量清单时，应按照本规范 4.2 分部分项工程的规定执行。

八、《城市轨道交通工程工程量计算规范》GB 50861—2013

1.0.3 城市轨道交通工程计价，必须按本规范规定的工程量计算规则进行工程计量。

4.2.1 工程量清单应根据附录规定的项目编码、项目名称、项目特征、计量单位和工程量计算规则进行编制。

4.2.2 工程量清单的项目编码，应采用十二位阿拉伯数字表示，一至九位应按附录的规定设置，十至十二位应根据拟建工程的工程量清单项目名称和项目特征设置，同一招标工程的项目编码不得有重码。

4.2.3 工程量清单的项目名称应按附录的项目名称结合拟建工程的实际确定。

4.2.4 工程量清单项目特征应按附录中规定的项目特征，结合拟建工程项目的实际予以描述。

4.2.5 工程量清单中所列工程量应按附录中规定的工程量计算规则计算。

4.2.6 工程量清单的计量单位应按附录中规定的计量单位确定。

4.3.1 措施项目中列出了项目编码、项目名称、项目特征、计量单位、工程量计算规则的项目，编制工程量清单时，应按照本规范 4.2 分部分项工程的规定执行。

九、《爆破工程工程量计算规范》GB 50862—2013

1.0.3 爆破工程计价，必须按本规范规定的工程量计算规则进行工程计量。

4.2.1 工程量清单应根据附录规定的项目编码、项目名称、项目特征、计量单位和工程量计算规则进行编制。

4.2.2 工程量清单的项目编码，应采用十二位阿拉伯数字表示，一至九位应按附录的规定设置，十至十二位应根据拟建工程的工程量清单项目名称和项目特征设置，同一招标工程的项目编码不得有重码。

4.2.3 工程量清单的项目名称应按附录的项目名称结合拟建工程的实际确定。

4.2.4 工程量清单项目特征应按附录中规定的项目特征，结合拟建工程项目的实际予以描述。

4.2.5 工程量清单中所列工程量应按附录中规定的工程量计算规则计算。

4.2.6 工程量清单的计量单位应按附录中规定的计量单位确定。

4.3.1 措施项目中列出了项目编码、项目名称、项目特征、计量单位、工程量计算规则的项目，编制工程量清单时，应按照本规范 4.2 分部分项工程的规定执行。

参 考 文 献

1 闫军. 安全必备规范条文速查手册. 北京：中国建筑工业出版社，2018
2 闫军. 建筑设计强制性条文速查手册(第三版). 北京：中国建筑工业出版社，2018
3 闫军. 建筑结构与岩土强制性条文速查手册(第二版). 北京：中国建筑工业出版社，2015
4 闫军. 建筑材料强制性条文速查手册. 北京：中国建筑工业出版社，2015
5 闫军. 给水排水与暖通强制性条文速查手册. 北京：中国建筑工业出版社，2013
6 闫军. 交通工程强制性条文速查手册. 北京：中国建筑工业出版社，2013